柯云路 著

曲别针的一万种用途

河南文艺出版社
· 郑州 ·

图书在版编目(CIP)数据

曲别针的一万种用途/柯云路著. --郑州:河南文艺
出版社,2007.11(2024.4重印)

ISBN 978-7-80623-854-7

Ⅰ.曲… Ⅱ.柯… Ⅲ.成功心理学-通俗读物 Ⅳ.
B848.4-49

中国版本图书馆 CIP 数据核字(2007)第 138038 号

策　划　　杨　莉
责任编辑　　杨　莉
书籍设计　　张　萌

出版发行	河南文艺出版社	印　张	16
社　　址	郑州市郑东新区祥盛街27号C座5楼	字　数	176 000
承印单位	河南瑞之光印刷股份有限公司	版　次	2007 年 11 月第 1 版
经销单位	新华书店	印　次	2024 年 4 月第 2 次印刷
开　　本	700 毫米 × 1000 毫米　1/16	定　价	56.00 元

042 五 人可以重新自我塑造的心理学基础

人是接受暗示和自我暗示的一种高级生命。当我们掌握了暗示和自我暗示的规律,就有可能重建自己的心理素质。

052 六 暗示和自我暗示的基本规律

表情是瞬间的相貌;相貌是凝固了的表情。在生活中经常看到这样的人,他这段时间,因为有一件悲伤的事情折磨他,他始终是悲伤的表情。时间长了,表情凝固下来,就成为悲伤的相貌。

人的大多数支出属于额外支出。要善于放下这些额外支出。该做就做，不做就不想。一定要找到这种好感觉。

有很多问题一时解决不了，不要硬解决，放一放干点别的，该睡觉睡觉，该玩就玩，该做别的做别的。到时候有了感觉，问题一下就解决了。

人活在世界上，要找好自在的感觉。什么叫不好的状态？就是有很多心理压力，很多执着，很多杂念。

下　篇

人生典藏

你也许就没有想过你要做这个世界上最出色、最自在、对人类和对自己最好的一个人。这就是对自己的限定。这些限定要拿掉。

当一个人没有找到掌握自己命运的智慧时，生活中的逻辑、运动、潮流、社会关系、环境等，对他的规定性是非常厉害的。想超越这些东西是很难的。

如果连生命的自在感都找不到，不能保持起码的身心健康，那么，人生的一切智慧都可能成为空谈。

人有很多状态，不同的状态会带来不同的效果、不同的结果。你作了这些调整，你在社会生活中的位置就已经发生了变化。

序 人生的奥秘并不奥秘

1

这部书分为上下两篇。上篇,成功心理学;下篇,人生典藏。

上篇,成功心理学,是在北京外国语大学等院校实施的心理素质重建工程的文本。如何在较短的时间内,使大学生参与实践,迅速有力地改变心理素质,成为能够有效地应对社会生活并天才创造的人,是这个心理重建工程的宗旨。可以这样说,任何一个大学生或大学生年龄段的年轻人,或者更年轻一些,高中生或这个年龄阶段的青年人,只要能够认真地阅读这个文本,并按照文本的简单规定完成作业,你的人生都可能会发生明显的变化。

下篇,人生典藏,是对一群素质很高、具有很大发展潜力的年轻企业家、创业者阐述的。这些人具有广阔的哲学视野,有基本的自然科学与人义科学知识,有艺术修养,有经济等领域的社会操作感,有人生的终极追求,他们的志向是做当代最优秀的人,做成功、健康、自在的人,做具有创造性并对生命意义有领会的人。任何想成为创业者的人阅读这个文本,都能找到与自己心灵深处智慧相通的东西,受到某种触动,从而有可能改变你的一生。

2

两个文本综合起来,阐述的是人生的奥秘。阅读全书,对于如何重新塑造自己,如何使人生更成功,应该是有完整结论的。

现代人讲究成功。对于当代的中国与中国人也该讲成功。

每一个当代人都在选择着自己的人生。每一个当代人都力图走成功之路。一个民族也在选择自己的成功之路。

虽然,一个民族之路并不是其所有成员的人生简单算术和,但却是这一切的真正意义上的总和。

中国正处在一个非常的变化时期,中国人也处在一个非常的变化时期。当世界的纷繁图景呈现在中国人面前时,当各种潮流、各种人生哲学车水马龙地在视野前掠过时,一个什么样的简单口号有助于把每一个中国人乃至整个民族的精神牵引向前呢?

提倡对成功的追求,大概是很方便的。

中国人现在要成功。

中国要成功。

只要对成功赋予完整的内容,那么人人追求成功应该是一个非常积极而有力的口号。

成功的含义,就是事业与生活都成功。

成功的含义,就是创造、发明、致富。

成功的含义,就是对社会、对民族、对人类、对家庭、对自己都实现了自我的最大价值。

成功而道德。

成功而健康。

成功而自在。

这是对成功更简练的诠释。

当全民族每个成员都在关心整个民族的同时，追求自己的人生成功，那么，这个民族就有了真正的活力。

因此，创建中国的成功学，大概是十分必要的。

中国的成功学应该包括东方与西方、古代与现代的全部人生哲学智慧，应该综合社会学、心理学、文化学、健康学、哲学、教育学、创造学、思维学、战略学等学科的各种成果，应该能够回答当代中国人的大部分人生问题。

中国的成功学应该能够指引人在创造、发明、致富的人生奋斗中，达到事业与生活（包括情感生活）的全面成功，达到道德崇高、健康自在境界的理想成功。

它应该是言简意赅、深刻透彻的。只有深刻透彻，才具有实践的意义，具有行之有效的操作感。

只要读者不带任何偏见，以平和的心态通读全书，就会发现：一个人只要真正想提高自己，改变自己，那么，重塑自我，重建自己的人生，都是不难的。

人是一个灵敏的存在。他可能因为一个信息的影响而偏废一生，也可能因为一个信息的影响而成就一生。当我们掌握人既是生物的存在又是文化的存在的双重性之后，掌握了人被环境暗示和被自我暗示的规律之后，运用适当的方法，是能够比较迅速而有力地调整自己的。

一个人能够发明创造是有原因的，一个人不能够发明创造也是有原因的。

一个人能够致富发达是有原因的，一个人不能够致富发达也是有原因的。

一个人能够幸福圆满是有原因的，一个人不能够幸福圆满也是有原因的。

一个人能够健康自在是有原因的，一个人不能够健康自在也是有原因的。

原因在机缘，原因在素质。

面对人生时，只有从塑造自己的素质入手，改变自己，才能与机缘处于新的双边关系中，机缘才更接近你。

3

提倡成功，是一个方便法门。

从人生终极意义上讲，追求成功，追求"道德、健康、自在"六个字诠释的完整的成功，是引导人走向智慧开悟的途径。这个世界是世俗的，是充满苦难的，是充满病痛的。人们在利欲构成的世俗世界中生活，常常忘记了生命的本来。他们被各种切近的狭小事务所裹挟，在那里苦苦挣扎，并不知道拿得起、放得下这个简单的生活真理。当他们肩负所有生活的重负在洪流中滚动时，他们毒化了自己的心灵。成功、道德，成功、健康，成功、自在，以人生的基本利益为牵引，使人们逐渐走向明白的境界，这是可以做到的。

最终要的是自在的状态。

而开始的是成功的生存。

从整个社会发展来讲，中国人追求成功，将引出一个文化重建的大工程。成功要求一个人自信积极,微笑乐观;成功要求一个人不畏困难,轻松自在;成功要求一个人不亢不卑,宽仁博爱;成功要求一个人敢说敢做,拿得起放得下。

成功,要求一个人具有独立意识,创造意识,奋斗意识,生存意识,法律意识,民主意识,效益意识,金钱意识,集体意识,民族意识,人类意识,环保意识,健康意识,安全意识,道德意识,审美意识。

成功,要求一个人将东方文明、西方文明中的优良品质整合融于一身。

一个人的整合,是整个民族在文化整合上的细胞。

整个中国在自信积极的精神下,在追求成功的精神下,才能自然而然地进行文化重建的工程。批判、扬弃东方文化中的没落糟粕、西方文化中的恶劣腐败,而将东西方文化的精华整合在当代中国社会生活中。

一个国家文化的重建是需要方方面面的变革的。包括经济、政治领域的变革。

但是,人生哲学意义上的倡导、潮流,同样是重要的方面。特别是当这一切与教育等领域的触动、变革联系在一起时,它就有了更具体的社会学内容。

正是在上述两种意义上,研究中国当代的成功学就有了深远意义,它涉及人生的终极关怀,社会的根本变革。

4

人生的奥秘并不奥秘。

走出误区,就是真理。

丢掉愚昧,就是智慧。

改变错误观念,就是正确思想。

要的是走出误区、追求真理的愿望。

要的是自己可以重塑自己的信念。

人人可以成功,可以发财、创造、致富、发达。

人人可以在成功的同时,健康年轻。

人人可以在成功、健康的基础上达到自在状态。

只需要一个追求人生真谛的诚意。

从此出发,即可到达彼岸。

上 篇

成功心理学

这个文本在北京外国语大学等院校实施心理素质重建课程时,获得了极为明显的效果。经过三次报告会,很多大学生在心理素质方面发生重要变化。

如何使自己的人生成功,要从改变自身素质入手。如何改变自己的心理素质,要从行为开始。

只要你以真正参与的态度进入这个文本,你会感受到阅读过程中可觉察的明显变化。因为这个文本的整个设计,就是要牵引每个人的心理素质发生变化。

一　坚信每个人都可以重新塑造自己

以一个微笑收获千百个微笑

真高兴，见到你们特别高兴。

多年前，1986 年的时候，在座的朋友们大多数可能在上小学。当时我的第一部长篇小说《新星》被改编为电视剧播放，可能有些同学看过这部电视剧，对周里京扮演的李向南还有印象。多年以后你们长大了，读了很多书，我又写了很多书。

我们今天坐在这里，是要探讨一个问题，就是人在这个世界上怎么才能活得更好。希望今天不是一般性的、很死板的讲课，大家都要有参与意识，共同进行一个心理的自我调整和培育。

前几天，一位海外华侨来我这里做客，老先生生意做得非常好。他来中国只是想为中国的文化事业花一点钱。他带着这个问题来找我，问我把钱花在哪里。那天他讲了一句话，说一辈子做生意有一个收获。

他说，在这个世界上我给别人一个什么表情，别人就回报我一个什么表情。我给对方一个怨恨的表情，对方回报我一个怨恨的表情；我给对方一个善良的微笑，对方回报我一个善良的微笑。

他继续说，我的经验是，当你以微笑面对千百个人的时候，千百个人

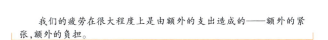

回报你的是千百个微笑，这样，你的人生就成功了。

这句话非常奥妙。所以，我首先要求在座的朋友们都面带微笑，这是非常有意义的。

一个人能够面带微笑对待人生，有三个好处。

第一个好处，微笑自然而然调整了你的身体。

脸一微笑，全身放松，我们全身都会微笑。

请体会一下，用你的胸口、胃部微笑。当你胃疼的时候，你让胃部微笑一下，胃部放松，疼痛缓解。全身包括四肢都会微笑。说一句幽默的话，你的臀部也会微笑。微笑在生理上有放松通畅的作用。

第二个好处，微笑在生理放松的同时，还能使心理得到放松。

同学们学习有压力，任务很重，以后要做很多事情。我也同你们一样，《新星》之后，我又写了很多作品，但是我现在没有疾病，这得益于自我放松，用微笑的表情对待人生。

所以，希望大家在今天的交流过程中始终面带微笑。

面带微笑的第三个好处，就是前面那位老先生讲的，一个人在日常生活中善于用微笑来对待周边世界和周边人物，他会得到更多的机会。

大家想一想，就是去买东西，如果看见柜台前的售货员一脸的坏表情，你购买的欲望都要下降一半。你看到他喜气洋洋、乐乐呵呵地跟你说话，你购买的欲望又增加很多，古人讲"和气生财"嘛。做小生意尚且讲究这样，何况做整个人生的"大生意"。当你善于用微笑来对待生活的时候，无疑多了很多人缘，多了很多机会，多了很多理解，少了很多坎坷、矛盾和障碍。所以，希望大家都面带微笑来，面带微笑去。

我对朋友们有个小小的建议，学会把两肩放松，减少脑力劳动过程中的额外疲劳。我们的疲劳在很大程度上是由额外的支出造成的——

额外的紧张,额外的负担。

大家常看电视,中外领导人物大都在电视上亮相,但你能够看出有人放松,有人不放松。哪位首脑人物经常有些多余的手部动作,或者是把肩端着,说明他心态不放松,不适应重大的外交场合,这就容易疲劳。

我们今天的话题是"成功心理学"。成功心理学讲的是人生。

完整的人生:成功·健康·自在

完整的人生一般来说要由六个字构成:成功,健康,自在。如果对这六个字作一点注释,那么,成功后面要加两个字:道德。你总不能说我贩毒贩得很成功。

如果对自在作一点注释,也可以加两个字:美丽。

这六个字也可以变成十个字:成功,道德,健康,美丽,自在。这是完整幸福的人生应该做到的,希望朋友们对这一点达到共识。

生命非常奥妙,它完全有可能在一个基本概念上有点差异,结果变得面目全非。

希望从今天开始,大家都非常清楚一个概念,就是自己的人生要做到"成功、健康、自在"这六个字。

这是第一个出发点。

成功的人生=机会+能力

每个人对生活都会做出各种反应。成功的人生是由这样一个公式来完成的:

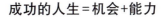
成功的人生=机会+能力

机会,对于一个人来讲是大体确定的。我们现在要研究的是能力。希望朋友们对能力形成一个完整的概念。能力应该等于智力加非智力心理素质,这才是完整的能力概念。

那么,一个人在人生中为什么能够成功?

讲一个简单的例子,我在校园里散步时碰到一个同学,也许我会对他提一个问题,问问路或者打听他是哪个系的。他的反应如果使我产生亲切感,我就可能和他多谈两句;他的反应如果使我感觉不那么亲切,我谈一句就会走开了。于是,由于反应不一样,不同的同学在人生中收获的结果也不一样。人生能不能成功,说穿了就是对你身边种种机会的选择和判断。

你身边有各种各样的事情,学习的,社交的,师生的,周边关系的,各种知识的,社会的,文化的,你对每件事情都做出了自己的反应、对答。反应的方案有好有差,你得到的东西就有多有少,有优有劣。

坚信每个人都可以重新塑造自己

第三个基本概念非常重要,就是坚信每个人都可以重新塑造自己,包括塑造自己的智力、心理素质、性格、气质、魅力,重新塑造自己的命运。

这个概念一定要建立,今天的共同探讨就建立在这个坚信的基础上。

举几个小例子。

有一个人,我曾经把他写到了我的一本书里,叫安子林,他有着非常

严重的焦虑症、忧郁症、强迫症，多种心理疾病综合发作，经过中西医各种治疗均未奏效。但是，当我们进入深层的心理分析和心理调整时，虽然我和他只见过一次面，打过四次电话，但由于我的分析，他从此成为一个健康人。

再举一个例子，上海的一位记者，多少年改变不了自己的紧张状态，生活紧张、性格紧张、情绪紧张，说话情绪、写作节奏全部是快的。多年伴随他的是胃溃疡、十二指肠溃疡，长年离不开药物。他自认为他这个性格、他这个紧张状态、他这种生活气质，还包括他的生理疾病是很难解决的。

去年我和他一起去俄罗斯旅游，我只给他讲了一个简单的自我放松方式，每天仅仅操作五分钟到十分钟，结果大见成效。

1991年，我到呼和浩特搞签名售书，那天很多人排队签名。有一位女性比较年轻，是个教师，她用非常低的声音到我跟前说，她有一个弱点，不敢大声说话。

大家想一想，一个当老师的走上工作岗位了，但是不敢大声说话，这个弱点使得她不能很好地工作。她非常痛苦，觉得这是与生俱来的性格弱点，是很难改变的。我从来不相信一个人不能重新塑造自己。即使与生俱来的东西，只要有决心改变，方法得当，都可以改变。

她问我怎么办？

我当时说，很简单，现在请你大声讲一句话。

她鼓足勇气说了一句，还是跟蚊子一样，声音很小。因为人多，她尤其不敢大声。

我说这样不行，要大声。

她第二声比第一声大了很多，但是比起一般人还是小声。

我于是说，你进步很大，但还要更大声。

于是她的声音更大了。

我再一次鼓励她的时候，她大喊了一声。周围的人给她鼓掌。

我说，你刚才大声说话的时候有感觉吗？

当那种声音和信心冲出来时，不是理智，而是感觉。

她说，有。

我说，按照这种感觉，大声说一句话。

于是她非常洪亮地说了一句话。

我说，再重复一遍。她又重复一遍。

我说，再重复一遍。她又重复一遍。

大家为她热烈鼓掌。

这个事例不过是用了心理学的行为疗法。当然，它需要互相信任，需要一个场的激发和调动，需要在行为中固定自己的感觉，在重复中把这种感觉巩固下来。

人是可以改变的。

由易而难，鼓励原则，积极暗示

人各有不同的思维特点、行为素质、心理特点，如果你认为自己的弱点是不能改变的，那再愚昧不过了。如果你认为能够改变，那么，很多东西改变并不困难。就好像我在电台做直播，一位家长通过电话提问，说我的小孩不敢大声说话；还有个家长也提这类问题，说孩子很怯生。我说，解决这种问题并不困难，关键在于家长。

我讲了三个原则。

第一个原则是由易而难。

孩子认生，那么你就寻找一些半生半熟的人作为过渡。孩子在父母面前不认生，在外人面前认生，就寻找一些虽然不是父母，但是与家人熟悉的朋友过渡一下，让他学会和他们交流。

第二个原则是鼓励原则。

只要孩子在由认生向不认生转化的过程中有一点表示，有一点进步，立刻鼓励。

第三个原则是积极暗示。

永远不能对别人说我的孩子认生。很多人的性格弱点就是小时候被周边环境、包括自己的家长这样暗示出来的。

因此，对于小孩来讲，我们把塑造性格的任务交给了家长。

对于我们成年人来讲，把重新塑造自己的任务交给自己。

语言的能量

如果你心理中有这样或那样自认为不很理想的薄弱之处，你就给自己规定一个把它调整过来的决心、信心和计划。在此，我们讲一点奥妙，这是心理学的奥妙，也是人生的一种经验。

天下的事情一经语言表达，方为确定。

一经行为语言表达，更为确定。

什么意思呢？

比如说，我们之间谈话，你在谈话过程中意识到了自己性格中有一种缺陷，有一个弱点，这种弱点影响你勇敢大方，有魅力有气派地交流、生活、开拓。你意识到了，而且决心改变。这时候，我希望你有一个表示,就是语言表示。

如果我问你,你有决心吗?

这时候你说一个"有"字,只要你把心里的想法用语言讲出来,就对自己的改变有了开始。这是奥妙。古人讲"一言既出,驷马难追"。表面上大家都是这样理解的,一个所谓信誉问题,所谓言必行的问题。但实际上,古人这句话中还有一个更加深奥的心理奥秘,任何语言如果明确地说出来以后,它就产生一点结果,这个结果是不可能完全抹杀掉的。

所以,当你说出一句对自己是不良暗示的话,即使是假话,你想完全抹杀它是不可能的。而如果你说出一句对自己心理上有良好暗示的话,你想完全否认它的成果,也是不可能的。

如果谁不相信,可以做一个试验。

你在某一天有意装病。你本来没病,你只是想装病。和这个同学说你肚子痛,和那个同学也说你肚子痛。你说上几十遍,为了让别人相信,你就要装。装到一定程度,你发现肚子真的不太好了。

懂我的意思吗?

(懂!)

朋友们都是大学生,时间非常宝贵,你们根本没有必要听一些与自己没什么关系的泛泛的心理学。希望通过这几次交流,大家能够发生一点变化。我不白讲,你们也不白听。

大家明白我的意思吗?

(明白!)

好极了!就是要这种状态。希望在这个现场大家就发生变化。

必胜的誓言

古人作战，为什么军队要宣誓？这个宣誓的做法直到现代还在应用，出师以前要宣誓一番。为什么？

本来军事打仗就是拼实力，宣誓不宣誓还是这些人，还是这些马，还是这些粮草，还是这些武器。为什么要宣誓？当千军万马用一个声音说出了"一定要胜利"的时候，这句话就成为一种能量，就成为一种力量，就成为一种士气。

没有这种士气是要失败的。

如果一个人想改变自己，没有自己的誓言；要实现成功的人生，没有自己的誓言；要成为一个强者，没有自己的誓言；那么，你的愿望永远不会成为现实。

大家明白我的意思吗？

（明白！）

好极了！

（热烈鼓掌）

有了这样的感觉，我们就可以往下探讨了。

希望从今天开始，大家确确实实把塑造自己的人生作为一个信念，也作为一个事业，还可以作为一个"游戏"。它既解决你人生能力的建设问题，同时这件事情做起来并不是很吃力，而是很有意味，和生理的、心理的、生命的奥秘相通。

因为我了解心理的规律，我在做比较大的事情之前，往往对自己有一个非常简练的誓言。

作为作家我是比较幸运的。我从 1980 年开始写作,第一部长篇小说《新星》被改编成电视剧,全国收视几亿人。那么,很重要的一点奥秘是,首先,自己的立项是正确的,选择是正确的;其次,在做事之前对自己有一个简单的誓言。

当我用这样的眼光看待人生很多奥秘的时候,发现很多成功的人,在这点上都有相通之处。所以,希望朋友们要坚信一点,自己能够重新塑造自己。

如果你今天得到这个概念,即使其他都没有听见,你也没有浪费时间。

要有这个概念。千万不要觉得我这点不如人家,我那点不如人家。这都是不良的自我暗示。就好像你装肚子疼一样,说多了,肚子就真的疼了。一件事情本来你能干,你说了几遍不行,自己就真的不行了。你说了几年自己不行,可能就永远不行了。

我们从今天开始,改变一个声音:我行!

大家明白我的意思吗?

(明白!)

往下我们要讲的几个问题都要对朋友们的心理进行现场调整。

希望大家面带微笑,两肩放松,同时有提问,有应答,共同参与,改变自己的身心状态。大家明白我的意思吗?

(明白!)

真好!

二　重新塑造自己的智力体系

开发自己天才的创造能力

每个人都应该重新塑造自己的智力体系,因为:

能力＝智力素质+非智力心理素质

什么叫智力? 是我们对事物的观察和理解,是运用我们的知识和经验来解决问题的能力;以及这种能力具体的表现:观察、记忆、联想、想象、判断、思考。

这是智力。智力的最高表现,一般中国用"智慧"来概括。

什么叫智慧? 智慧就是辨析,判断,发明,创造。

我以为在座的同学们智力都是很好的,能考上大学,能成为出色的一代年轻人,当然已经证明了自己的智力。但我们不是要塑造得更好吗?

那么,从现在开始要更重视发掘、开发、培养自己的创造力。

一般的工作由一般的执行性的、模仿性的、重复性的那些机能来完成,这个世界比较出色的、伟大的、天才的工作要由创造来完成。

为了说明创造力这个智力因素,我讲一个小小的例子。

1983 年在中国召开过一次创造学会,日本的创造学家村上信雄走上主席台拿出了一把曲别针,同时提出一个问题:这些曲别针有多少用途? 请与会的中国学者回答。

有人说了几十种。

你们能说多少种啊? 现在赶快想。

谁觉得自己想得比较多,举手,就一口气说一说。

(下面同学纷纷举手)

谁觉得自己想得比较多呀?

有没有超过三十种的?

还没有。

好,你说。

(一位同学站起来。回答从略)

大家觉得她的思路是不是比较好哇?

行,给她鼓鼓掌!

(热烈鼓掌)

你很棒! 很聪明! 以后一定能有发明创造。

当时在场的一位中国学者说了三十多种。

这个日本人说有三百多种。然后放了一个幻灯,证明有三百多种。

大家为他热烈鼓掌。

这时台下有人递上来一张条子,上面写道,我明天将发表一个观点,证明这个曲别针可以有无数种用途。于是,他第二天就此作了一个讲演。这个人叫许国泰,他提出的这个方案后来被称为"魔球现象"。

他怎么分析的? 他说,按曲别针最基本的解剖,它的颜色是什么样的,它的重量是多大,它的形状是什么样的,它的质地是金属,它的柔软度等一整套因素,把它们都解剖了,列成一个横坐标,一个纵坐标,就是

它在数学、物理、化学、语文、外语等各个方面的用途。

　　曲别针的重量可以做各种砝码；作为一个金属物，曲别针可以和各种酸类及其他的化学物质产生不知道多少种反应；曲别针可以弯成1、2、3、4、5、6、7、8、9和加减乘除、开方等各种数学符号，演变成所有的数学和物理学公式；曲别针可以弯成英文26个字母，可以是拉丁文，可以是俄文，于是乎，天下所有语言能够表达的东西，我都能够用曲别针来表现；曲别针是金属，还可以导电；在磁场中有磁性反应；在艺术中，把它绷直了，肯定有琴弦的作用。至于其他的，做成夹子、别针、绳索、挂链、项链，都是在一类中的某一项的亿万种的一种。

　　许国泰的演说轰动了这个创造学会。

　　请朋友们不要笑。因为通常人一想曲别针的用途，别针、夹子、绳索，已经觉得自己想得很多了，想出三种已经很了不起了。当我们看到有无数种用途的时候，这才是创造思维的体现。

　　现在，我要提一个问题了。你——今天在场的每一个人——有多少用途呢？

　　（热烈鼓掌）

做有无数种用途的人

　　可惜的是我们有时候不这样看问题。因为他会想我是外语大学的，比如我是学阿拉伯语的，那么我用的范围首先是跟阿拉伯语有关，外贸、外交、翻译、教学，他已经给自己限定了一个范围。人在生活中经常用几十种曲别针的用途来回答曲别针的亿万种用途，对自己也经常这样判断。

所以,希望大家在这个时刻感觉一下自我的判断,就是你从小到大到现在,你对自己今后有多少种用途,对于社会和人类你能发挥多大作用,这个想象力打开没有?是不是在这个年龄段已经对自己有了一定的局限和模式?

如果仔细想一想,我相信,现在大学二三年级的学生,虽然离毕业还有一两年,但对这一两年要做的努力,怎么留京、怎么分配,去哪里,已经有非常具体又非常限定的设想了。这个设想很可能就制约了你的一生。

大家明白我的意思吗?

(明白!)

一定要放开自己的思路。

每个人不是和曲别针一样吗?你就分析一下自己体重多少?(众笑)这不是笑话,这是为了打开思路。你的体重、籍贯、家庭、社会关系、兴趣、爱好、业余的投入、从小的素质,包括你在语言上的特点、在各个学科上的特点,你的所有可以称之为个性、特点的那些气质、风度,包括相貌都在内。

长得漂亮有漂亮的资源;长得特别一点,还可以当葛优嘛。

一定要有非常广泛的想象力。

大家明白我的意思吗?

(明白!)

真希望朋友们在这个年轻的时刻,在这么好的年龄把思路打开。

在任何时候都发现可以自信的东西。

懂我的意思吗?

(懂!)

很多东西当你没有发现时,你以为是自己的不足之处;当你发现了,

就是一个特长。如果当年导演没有让葛优去演戏，那么，葛优可能还觉得自己长相不是很倜傥，很魁伟；一旦他表现了自身的极大特点与优长的时候，他是个一流的演员。

大家不要笑，许多人经常用自卑的心理来看待自己的某些特点，把它看为不足之处，把它看为弱点，把它看成条件不好，因此把自己限定了。结果，曲别针只有一个用途，就是夹页子。希望大家无论是一年级的、二年级的、三年级的，还是四年级的，对今后的人生都绝对不要有局限的想象。

同学们看一看，自己是多么年轻啊！

我现在对很多年纪大的人说，人生永远没有大局已定一说。四十岁不许说这句话，五十岁不许说这句话，六十岁不许说，七十岁还不许说。人人都要重新开始生活，重新塑造自己，这才活得年轻，活得有希望。

如果二十多岁就把自己限定了，差不多就是这样了，那还有什么意思？

大家说是不是啊？

（是！）

（热烈鼓掌）

如果你们今天面临很多具体的问题，功课、考试、升学，好像谁都迫在一个个具体问题的压力之下。我想告诉大家，真正在人生中玩得好的，一定是永远对自己有良好感觉的人，永远自信的人，永远把自己看成有无数用处的人，而且永远觉得自己的人生根本就不是大局已定的人，永远寻找新的机会，永远在争取之中，永远对自己的人生进行创造。

所以，最大的创造力首先表现在对自己人生进取方向的想象上。这对年轻人来讲是最优先的创造力。就是我能干什么，我对人类社会有什么用？思路一定要打开。完全有可能你今后人生中所经历的一切，所表演的一切，所做的一切，是你现在有限的经验和思路不能想象的。

这才是漂亮。

不要滞留在一个点上

我们在生活中为什么有时候没有创造力？就在于一个既成的逻辑思维、一个既成的概念局限了我们。

一说曲别针，一个"别"字就让我们想到了"别"这些纸，没有想到更多的。我们做事情，搞科学发明、语言发现也好，外交、学问也好，都要突破这种限定。用中国的一句古话，就是不要执着，不要滞留，不要停在一个点上。

比如听力训练，老师讲了一大段英文，你们在那里听。学外语的人都知道，经常有这种情况，一个单词你不知道，一时反应不上来。有一种愚蠢的做法，就是有个单词是什么意思我想不起来，我就使劲想这个单词，老师随后念的整篇文章都没听见，滞留在这个单词上，一个劲儿想这个单词是什么意思，我怎么想不起来呢？这是个错误的做法。

那么，正确的做法是什么呢？

虽然我不知道这个单词是什么意思，但是我已经记住了，有个印象了，我一直听下去，最后我把全文在总体上掌握了，这个单词也可能就回忆起来了。即使回忆不起来，一个单词损失并不大。

这个道理大家都明白，许多人都不会犯在一个单词上停留的愚蠢错误。然而在生活中，不少人都在犯这种愚蠢的错误。经常因为一个问题想不开，学问的、人生的、感情的，不管什么问题，做不下去，解决不了，就

在这儿停留。不知道流流荡荡地走下去,把这个问题先放一放,回过头来再解决它。

这种流流荡荡、不执着于一点就是禅的精神。

要流荡。千万不要今天有一个思想问题解决不了,一个学业问题解决不了,一个毕业分配问题解决不了,一个感情问题解决不了;或者我在做一份作业,一道题解决不了;或者以后你在工作中有一个具体的项目,某个环节解决不了,就在这儿停留,那就跟停留在一个单词上是一样的。

一定要流动。不要受任何狭隘的经验、狭隘的知识、狭隘的理论、狭隘的模式的束缚。把自己的思想打开。

禅的空灵境界

许多年轻人都觉得看一点禅的书是一种时髦。古代禅宗有一个故事,一个年轻人向禅师请教禅的道理,这个禅师并不言语,只往茶杯里倒茶。茶杯倒满了,禅师接着倒。年轻人就说,师父,水漫出来了。师父就说,茶杯满了,水就倒不进去了。你的脑子里装得满满的,我讲的话你怎么听得进去呢?

大家记住,当我们面对生活想发明、想创造,一个特别好的状态,就是经常把自己放到一个非常空白、空灵的状态。

记得我对一个年轻人谈这个观点时,他马上就说,这个杯子的体积是确定的呀,反正你加了这个就不能加那个了。这叫什么呢?这叫抬杠。

我们讲的是一种禅的意味,就是说,你要把脑子里的东西放空,让它空灵。当你面对新问题时,一定不要用旧的成见、旧的一点点经验去理解你遇到的新问题。

多年来我受这一点启发特别大。很坦率地说，我现在除了写小说，也研究生理学、心理学、中西医、文化学，等等。我不仅有精力研究它们，还能够发现点东西。靠什么？就靠那种空灵的状态。在面对一个新事物时不囿于、不局限于一点点旧的经验、旧的知识。

所以，希望同学们在今后的学习中、人生中，要做的第一个事情，就是我们刚才讲的创造。

首先是创造自己，自己有无数用途。绝对不限制自己的发展。

大家同意不同意呀？

（同意！）

（热烈鼓掌）

三 去除心理、行为障碍

创造力所需要的良好心理素质

创造包括解决各种各样的问题,也包括解决人生的具体问题。比如说,我怎样才能够找到自己的工作岗位,能够找到自己喜欢做的事情,进入那个职业,进入那个角色,这也要靠自己的创造性,靠灵活的思维方式和行为方式。

解决很多复杂的创造问题、理论问题,常常可能在这之前什么也没想,早晨刚刚醒来,或者夜深人静时安安静静坐着,突然一个灵感上来,把很难的问题解决了,就是这种空灵状态。

即使同学们的智力很发达,有很好的创造性,但你是不是经常能够进入这种好状态呢?

比如一个象棋大师,应该说他在下棋这个领域有很高的智力,但他在比赛时如果心理素质不好,承受不了压力,心慌、紧张、碰不得,他就发挥不好。所以,除了有很好的智力、很好的创造性思维之外,还有一个重要问题,就是使自己处在良好的心理状态中。一个人学习很好,但临场紧张,考得砸锅,这叫状态不好,是非智力系统的心理素质不好。

运动员训练时水平很好,上场发挥不好,这又是个非智力心理素质问题。

可是大家想到没有，其实我们终生都在竞赛之中，终生都在运动场上，终生都有一个状态问题。所以，你的非智力心理素质就决定了你的智力是不是能够很好地发挥。

比如刚才讲曲别针用途的这位女同学，她可能属于智力很发达的人。那么，对她还有一个要求，就是你的心理素质、平衡能力要非常好。面对生活中的各种事情，你都能够处在比较轻松的状态中。否则，你又怎么可能发挥比较好的智力呢？

那么，有一个问题就要解决了，就是要去除自己明显的和潜在的各种心理不健康因素和心理障碍。

看看你的心理支出

根据我的了解，大学生或是大学毕业以后工作的知识分子在心理上完全没有障碍、没有不健康因素的人非常少。当然有明显疾病的是少数，比如说，这个人精神不正常，不得不住院治疗，这是少数。或者有比较严重的神经症，这也是少数。但是心理上有某种不健康因素，有某种障碍，这个比率非常大。

一个人如果在生活中、在压力中有焦虑现象，有忧郁现象，有孤僻现象，有失眠，有神经性头痛，神经衰弱，有心理原因造成的消化不良，这都叫心理不健康，有些人还是比较严重的。

比如说，你想做一件事，却心理支出非常大；想找一个人，想说一句话，反复想，就是不能走出这一步。存在这种现象的人都算不上心理健康。现代人讲健康，就是生理健康、心理健康和社会适应能力综合起来

的。

你对社会适应吗？对紧张的生活适应吗？你经常微笑吗？你有没有那些排遣不了的孤独感？那些现象就是心理不健康的因素。随着工作越来越紧张，学习越来越紧张，一定要善于排除这些因素。

比如你在生活中有一种莫名的不安全感，莫名的孤立感，这些都属于心理不完全健康的表现。

这里我给大家介绍几种处理方式。

一块橡胶，自然下垂的时候，它是舒展的，叫健康态。给橡胶一个外力，一扭，把它扭曲了，这叫它在外力下应变了。扭的程度厉害，时间长了，再一松手，回不来了，这叫疾病。

因此，使橡胶经常保持健康状态的一个方式，并不是说它不可以接受外力，因为人在生活中不可能没有外力。但是经常要放松它，使它恢复到正常状态。

人的心理非常敏感，是很容易被扭曲的，但是反过来，就因为它非常敏感，我们稍微用点方式，就能把它调整过来。

几天前，我与大学的几个同学谈话，讲到一个例子。一个女孩子，现在二十多岁了，很痛苦。为什么呢？她患有一种心理疾病。怎么得的呢？小时候表姐来看她，妈妈就说，你看，你就没表姐长得好看，你的学习也不如表姐好。这种话做母亲的以后又重复了几次。结果，女孩就产生了对她表姐以及周围人的一种莫名其妙的敌视、排斥心理。当她把别人当做敌人以后，自己就被孤立了，渐渐的，她变得害怕环境。第一步是把别人当敌人、对手，第二步是怕环境。

她长到了你们这个年龄，现在每天的目光只能看自己的鼻尖，不能看周围环境，不敢看任何人，生活已经有困难了。这叫心理行为障碍，而且是严重的障碍。

那么,这个问题是怎么产生的呢?

就是因为母亲那个不正确的心理的影响、语言的影响。

举这个例子说明什么呢?说明我们有时候心理上会有这种弱点或那种弱点(虽然没有她那么严重,她是比较典型的):比如怯生,不敢交际;比如孤僻;比如忧郁;比如焦虑,总觉得自己处在没完没了的焦虑之中,而且这种焦虑伴随一生。

所有这些心理上的不健康因素,都是由如下几个原因造成的:

一、儿时的心理创伤。

二、从小到大受到的各种不良心理暗示。

三、从小受到的当时不可忍受的压力,如学习、升学等压力。

四、家庭变故及自己经历的特殊事件和特殊体验。

五、由于缺乏正确的性教育,受错误的性观念的影响,从而产生的心理障碍。

六、当前的生活有承受起来感到困难的压力。

这些因素,往往可能造成心理中这样或那样的不完全健康。那么,每个同学可以自己尝试解决这些问题。比较严重的,我愿意帮助你们。

克服不健康心理的方法:倾诉

一般性心理不健康因素的克服,有以下几种方法:

第一种方法,倾诉。

一个人有了某些心理上的不正常,往往需要倾诉。

有的人出门前总是不放心,反复地关门,关几次都不放心,来回检

查。关一个抽屉,锁上以后又来回检查。我知道在座的同学中就有这种情况,这叫强迫症,是小小的不健康。还有的人一小时走不出家门,不是关煤气,就是关水管,关电灯,或是关门,他来回走不出去。可以告诉你,你只要锁上门,来回检查,次数偏多,就是强迫倾向,就叫心理不健康因素。又比如你来回洗手,总觉得洗不干净,这也是个强迫观念。有的人总怀疑自己有病,怀疑自己这儿有毛病,那儿有毛病,这是疑病症。

再比如你对有些东西有恐怖,比如对高处有恐怖,这叫恐高症。

在座的有没有恐高症啊?

(部分人回答:有。)

你看,回答"有"的人不少。

有恐高现象的同学举举手,大胆地举举手,别不好意思,这是一种倾诉,知道不知道? 有什么不好意思说的?

(有些人慢慢地举起手)

我只想和你们交朋友,大家明白我的意思吗?

刚才喊的时候人挺多,可是要举手的时候人就少了,因为喊的时候大家不注意,不暴露,刚才喊"有"和"没有"各占一半,一举手就剩下少数了。

恐高症就是一种恐怖观念,叫不健康心理因素。这些因素只要在你身上存在着,总是要影响你,影响你的状态,影响你的智慧,影响你潇洒的人生。现在你觉得不严重,不就是恐高吗? 高处我不去就完了嘛。不对,既然你有这个问题,就要把它拿掉。

什么时候你站在二十层楼往下看也不害怕,才叫正常。

中国有位著名女作家,几年前我们一起去海南岛参观访问,轮船靠岸走下舷梯的时候,舷梯窄窄的,有五六层楼那么高。她吓得不能走,我

一直把她拉上去，再一直把她扶下来。她告诉我是恐高。

我见过很多知识分子，特别是对自己要求严格、有特别高要求的人容易恐高。对这个问题，第一自己解决不了，第二觉得也没什么大妨碍，反正也死不了。

但是我要告诉你们，既然想做一个健康人，就永远要处在一种无所畏惧的健康状态之中。有了不健康的因素就应该拿掉。

恐高症，可能小时候从床上摔下来过，或者被大人举到高处吓着过，这两个原因可以查一下。如果没有这两个原因，恐高就是因为一个很平常的原因，从小对高目标的追求，使潜意识产生了对高目标的畏惧，转化为生理的、视觉上的恐高症。根据我的研究，恐高症在那些责任心强、努力学习的知识界特别多。

你看那些建筑工人没有几个恐高症。从农村招来很多建筑工人，马上让他爬高楼，他都不害怕。

大家明白我的意思吗？

（明白！）

这是心理上的微妙之处。

讲一点点心理学的小常识。

我们的心理经常像做梦一样有一个象征，因为你在学习中、人生中追求高目标，一方面很向往高目标，也很喜欢高目标，另一方面对高目标有点畏惧。这个畏惧又不表现出来，自己也不知道，于是做了一个梦，梦见自己怕高。

恐高症与梦一样，它转移地表现了你对高目标的一点畏惧。

那么，有恐高症的朋友，首先要检查自己在人生中是否做到了既积极又放松。既要有高目标，但又不要有高目标的压力。我偶尔看看球

赛，大家知道，比赛有的时候并不完全是实力问题，也不是具体的战术问题，而常常是心理指导问题。

什么状态最好？自信，但又轻松，同时兴奋。这种状态最好。

学生们都知道，如果你小时候不能考出好成绩，就怕对不起家长，在家长那儿不好说，这个压力是不好受的。如果某个高目标是必须完成的，可是又觉得有可能完不成，感到有压力，这个状态并不好。

我们的足球竞赛，包括任何一种人生竞赛，都要有必胜的信心，可不要有必胜的包袱。要轻松，不在乎输赢，可是又要争取赢。这个微妙的东西大家要掌握。

那么，倾诉是第一个方法。

克服不健康心理的方法：脱敏

第二种方法，心理学术语叫"脱敏"。

你拿一张纸，然后坐在那里放松思想想一想，我都有哪些还不太理想的、心理上不健康的或者不是很棒的地方？你写一写，随便写一写，比如说，我这人有时有点焦虑，我有点恐高。

把这些想去除的东西写在上面。

这是第一步。

我刚才讲的倾诉，要尽可能地倾诉一下。要对别的同学讲我有恐高的毛病，为什么恐高？你就要想一想，小的时候可能被摔过，被举到高处，或者对高目标确实有点压力。我觉得没有必要恐高，不值得，一讲出来，好一半。

大家明白我的意思吗？

（明白！）

一定要找人倾诉，倾诉出来就好一半。就像弗洛伊德经常运用的自由联想疗法一样，他让对方把一个东西讲出来，就好一半。这个很奥妙。

举一个例子，有一种病叫咽部异物感，中医叫梅核气，就是嗓子里面总觉得有东西，其实什么也没有。很多中年人，生活压力比较大，家庭关系和周边环境比较繁杂，容易出现这种情况。吃药也好不了，我遇见过不少这种情况。这是由于在生活中有一种情绪既咽不下去，又吐不出来。他心中苦恼、烦闷、生气、怨恨，可是不能说，他就得往下咽，咽又咽不下去，就卡在这儿啦。

大家不要笑。

在这种情况下，往往你跟他谈一谈，他把话讲出来，第二天就好了。人的很多心理上的问题就是这样。这是第一，倾诉。

第二个方法是脱敏。

脱敏就是把自己的问题写在纸上，写完之后，自己对自己说，自己对自己倾诉，我要这些东西干什么？恐高症我不要，焦虑我不要，忧郁我不要，孤僻我不要，神经官能症我不要。写出来，写清楚，确定不要了，把纸条撕掉。

明白不明白？

（热烈鼓掌）

一遍解决了一半，还剩一半，再来一次。多来几次。

大家明白我的意思吗？

（明白。）

这是第二种方法。

克服不健康心理的方法：行为纠正

第三种方法是行为纠正。

刚才我讲的呼和浩特的那位女教师不敢大声说话，我指导她的方法就是脱敏。前些天我遇到一个人也是不敢大声说话，我用同样的方法调整他。当然这种调整方法还需要一个调动、帮助和一群人给他鼓励，没有这些，有时候就要困难一些。

但如果你自己有决心，就能够用行为改变自己的不健康因素。

如果你怯懦，社交时心理障碍多，想去找一个人的时候思虑特别多，来回萦绕，这时候最简单的办法就是不让自己多想，而是去行动。

打断原有的思维逻辑，在行为中调整自己，这就是行为法。

克服不健康心理的方法：减轻生活压力

第四种方法，希望大家适当地解决好自己生活中的负担和压力问题。

使自己尽力，同时又量力地做事和生活；使自己追求高目标，但不受高目标的压迫。

克服不健康心理的方法：放松

第五种方法是一个很重要的方法，希望大家学会放松。

为了使每个人都有一点具体感觉，我们现在稍微做一个放松。很简单,就是自我暗示的方法。大家知道形象思维吧？形象思维特别能够暗示自己的心理和生理。以后看心理学的书都会知道,形象思维是自我暗示、自我催眠的手段之一。

那么你就自我暗示,想象。

想象什么呢？想象自己从头顶往下,先从正面开始,脸部肌肉一点点放松,这个肌肉就耷拉下来。以后胃不舒服就用这个方法让它放松。让肌肉一点点放松,会有感觉的,体会一下,让它一点点放松,往下走,一直往下走。

这个方法对解除疲劳、应付很多事情特别有用。

包括去除各种胃部疼痛、肠部疼痛、各种痉挛性疾病。

从前边放松,再从后边想象自己的肌肉放松,肌肉耷拉在骨骼上。体会一下,面部的肌肉耷拉在骨骼上,肩部的肌肉耷拉在骨骼上,五脏六腑都耷拉下来。如果有人胃疼,只要不是吃了有毒的东西,我指的是一般的痉挛性胃部疼痛,你想象一下胃部松弛,耷拉下来,让它放松。

如果能够掌握好倾诉的方法,脱敏的方法,行为疗法和减轻压力、放松的方法,大家就会尽可能地减轻心理上的不健康现象。

希望通过我们的交流,使同学们能够认清自己心理上的不健康情况,掌握自我调整的五种办法。

四　建立强者心理素质

情商与强者的心理素质

以上讲了去除不健康心理因素，只此还不够，要建立强者的心理素质。

美国《时代周刊》刊登了一篇文章，讲到一个新概念，叫"情绪商数"。大家都知道有一个智力商数，也就是智商，还有一个商数叫情绪商数。智力商数简称为 IQ，情绪商数简称为 EQ。

科学家的研究发现，情绪商数是比智力商数更重要的一个商数，它在很大程度上决定了一个人的人生，包括婚姻、工作、交际和事业。

科学家们做了这样一个实验，将一组还没有行为规范能力的儿童依次分别领入一个空空荡荡的大厅，只在一个地方放着一样非常显眼的东西，就是一块软糖，整个大厅的其余部分是空的。

对于走进来的每一个孩子，老师会告诉他，对你有一个测试，这儿有一块糖，如果你在走出这个大厅之前吃掉它，就什么也不会得到。如果你能坚持到老师打开门领你出去的时候，你将得到一个奖励：不仅大厅里的这块糖给你，还会再奖励你一块糖，这样，你一共可以得到两块糖。孩子很幼小，大多数儿童在一个空空荡荡的、没有其他刺激的环境中，只有一块糖诱惑他,他抗拒不了,就把糖给吃了。

你们笑,你们当然能控制住喽。

这是对儿童非智力心理素质的一种测试方法。一些儿童愿意争取得到第二块糖,他希望得到这个奖赏,可是他同样也被那块糖所诱惑,怎么办呢?他在大厅里一会儿唱歌,一会儿蹦跳,把眼睛转过去不看那块糖。不敢看哪!

就这样一直坚持到老师开门进来,得到两块糖。

得到两块糖的孩子,专家们把他们归为一组;没有坚持下来只吃到一块糖的人又是一组。对这两组儿童的成长由小到大进行跟踪,结果发现,坚持下来得到两块糖的那组儿童人生相对比较成功。而那些馋嘴巴,吃掉第一块糖的孩子就比较差。这些孩子肯定是在智商同等的情况下进行实验的。

说明什么?说明人的非智力心理素质系统所起的作用,确确实实有的时候要超过智力系统所起的作用。我在深圳见过几位神童,有的还是科技大学少年班毕业的,但是他们一旦走上社会,有的连正常的职业都不能胜任,仅有智商是不行的呀。要去除心理疾病,那只是达到通常的健康,还不能说是很出色的心理素质。

那么,希望所有的同学从现在开始要培养自己出色的心理素质。

我首先问,大家有没有这样的决心?

(有!)

有没有这样的信心?

(有!)

(热烈鼓掌)

好的心理素质是一种人格魅力

好的非智力心理素质有两层意义。

第一层意义，使得你永远保持良好的功能状态。人也是一个功能系统、功能状态，好的非智力心理素质会使你的智力系统处在最佳的发挥水平。就好像一个象棋大师在比赛时，好的心理素质会使他的棋艺充分发挥一样。

没有好的心理素质，所有的智慧都没有用。

第二层意义，对于一个象棋大师，对于一个写书的人，单独做学问的人，非智力心理素质主要解决他的智力水平发挥的问题；但是，对于一个在人群中活动的人，比如你要组织，你要做经济，你要交流，你要公关，你要和周围的人交往，非智力心理素质不仅使得你的智力能够发挥，本身也是你的一个魅力系统。

好的心理素质是一种人格魅力。

你微笑对待人生，大家就喜欢你；大家觉得和你在一起轻松愉快，你的人缘就好，你的人际关系就好，朋友就多，你的机会就多。

魅力非常重要，送给朋友们两句格言：

人格魅力、性格魅力是男子真正的外貌——这是送给男同学的。

还有送给女同学的——对于女性来讲，人格、心理素质的魅力比外貌更重要。

性格魅力就是男子的外貌；对于女子来讲，性格魅力是外貌的一部分，但比你通常的外貌更重要，是第一外貌。

有的人不懂得这一点，不同意这一点。这里就不讲性格魅力了，一个很好看的姑娘,你现在穿上破衣服、烂衣服,脏得像垃圾一样,披在身上,头发全部搞乱,脸上涂上污泥,还好看吗?已经不好看啦。服装已经把你的容貌破坏了。

服装、发型是外貌的延伸,魅力更是外貌的延伸。

打扮自己包括打扮自己的魅力。

自信积极,微笑乐观

建立良好的心理素质系统,人们已经说了很多,说多了没用,说少了又漏掉主要的,我以为主要是八句话。希望大家从现在开始有意识去培养这些东西,而且通过你们的体验会相信:这些素质是重要的,是缺一不可的。有了这个概念,这些素质就会有,你意识不到,它永远不会有。

八句话,八个方面。在总的人生态度方面,有两句话:

第一句话:自信积极。

第二句话:微笑乐观。

这是人生的总态度,是最宝贵最重要的。

这是特别重要的两句话。一个人不自信,不仅做不成事,在生活中也没有一点魅力。女同学见到一个男孩,这个男孩特别不自信,他美吗?不美吧?反过来,男孩见到一个女孩,她特自卑,包括对自己的相貌都特自卑,你觉得她美吗?不美。是不是啊?自信是成功最重要的心理素质,也是个人魅力的第一素质。

自信,还要积极。

很多心理学家讲,一个人有没有积极的生活态度,是他的人生能不能成功的重要标志。

这一点我特别要跟女同学讲一讲。

如果你们以后恋爱了，如果对方现在给你的感觉是才华横溢，风流倜傥，但是他的人生态度不积极，那么，这个人不可取。我见过很多这样的人啦，往往后来在人生中都与他一开始表现出来的差距甚大。也许这个男同学现在好像并不怎么潇洒，并不怎么风流倜傥，看来好像很普通，但是他有非常积极的人生态度，他后来的人生会越来越好，而且包括他后来的风度都会重新塑造，让你越看越可爱。

所以，自信积极是第一句话。

你们一定要这样选择人，这是没有错的。

第二句话是微笑乐观。

微笑使自己处在比较好的心理状态，对外有很好的魅力。如果同学们注意，特别是男孩注意一下女孩，如果她在生气发怒、怨气冲天的时候，她不好看，她一微笑就好看了。

微笑是特别重要的魅力。微笑乐观使得你在生活中状态好，同时又有很好的感召力。

古人做生意都知道"和气生财"。板着个脸，怨天尤人，这样的人生意肯定做不好。微笑乐观是做生意特别重要的一个窍门。就像那位华侨老先生给我讲的，他生意做得很漂亮就是一个经验，一个微笑给千百个人，千百个人给他千百个微笑。你给这么多人微笑，大家都以微笑对待你，这里就有很多力量、机会、缘分。

满不在乎，轻松自在

往下，对待事物是两句话。

第一句话你们一听就很高兴，叫"满不在乎"。

"满不在乎"主要指什么？就是指在任何压力、困难、挫折、别人的攻击、迫害，包括在自己的失败面前满不在乎。谁要在困难面前太认真，就是不智慧。

大家明白我的意思吗？

（明白！）

失败应该不应该总结呀？

应该总结。

考得不好应该不应该总结呀？

应该总结。

应该认真，但太认真就是愚蠢。太认真的结果就是悲伤，就是苦恼，就使得你没有精力去解决自己的失败。所以，要满不在乎，这是一个很好的素质。

第二句话，叫"轻松自在"。

轻松自在是一个非常好的心理素质，也是非常好的魅力形象。

女孩与男孩交往，这个男孩子遇到一些逆境挫折，他满不在乎，他轻松自在，女孩子和他在一起就会有安全感。是不是这样？

两个人一起出去玩儿，下雨了，自行车也坏了，他沮丧个脸，你跟他在一起还有什么安全感哪？没有啊！他如果比你怨气还大行吗？要满不在乎、轻松自在。哪怕遇到一些危险，碰上个歹徒，打了两下以后跑掉了，也要满不在乎。

（热烈鼓掌）

这些年我经常会遇到一些难以想象的困难，有些困难在一般人看来根本就坚持不下去了。这时候我就靠两句话：第一句话叫满不在乎，第

二句话叫轻松自在,结果逢凶化吉。你太在乎,太沉重,太不自在,你就发现不了新的机会,不能解决遇到的困难。所以,在遇事时要运用这两句话,满不在乎,轻松自在。

不亢不卑,宽仁博爱

在对待人的问题上也是两句话。

第一句话:不亢不卑;

第二句话:宽仁博爱。

人在一生中,做到任何场合不亢不卑是非常不容易的。这次讲课之前,我在校园里转了转,遇到两个女同学,我跟她们聊天,问问她们的感觉,她们有什么问题。

她们问,老师,我在什么程度上保留我的学生气,在什么程度上适应社会,具有一种公关、职业女性的色彩?

我说,人在社会中有一种特别好的性格素质、心理素质和魅力,就是不亢不卑。

同学们,你们是学外语的,如果让你们面对一些重大的场合,重要的人物,豪华的场所,首脑人物,知名人士,你现在能做到不卑吗?

大家要体会一下,就像你和同学说话一样自在。

现在就去好了,到北京找那些最豪华、最不容易进去的场合,你们就大大方方进去,如入无人之境。你们就试验一下,不是很容易的。

这个世界上许多东西对人是有压力的:权力、地位、金钱、知名度,所谓各种各样外在的东西对人都有压力,这叫文化的压力。我们在文化中,受文化的影响,自来就有高低亢卑之分,不可避免地受到这种文化的污染。

你见到一个大人物了,比如克林顿,你的英语本来不是太好,你就要上去大大方方给他当翻译,不一定能做得很好哇。你过去没有进过特别豪华的场所,到了那些大饭店,你如入无人之境,特别自在,哼着歌就进去了。那个门卫你一眼都不看,就像平常进校门时与同学随便聊着就进去了。

这叫不卑。

反过来,你见一个小孩子,你也不亢;见一个处境不如你的人,你也不亢;见一个看来社会地位很低下的人,你也非常平和。做到这点,确确实实需要一定的心理素质。要有抗衡文化压力的素质,这个文化压力对任何人都是不可避免的。

如果说一个人完全不受这个压力的影响,这个人是骗子。但是一个人能够清醒,有良好的自我调节能力,能抗衡这种压力,是非常重要的。

什么压力?

面对比自己高位的人,自卑的情结;面对比自己低位的人,自亢的情结。

这两个情结都要克服。不亢不卑,坦然自若,这是非常重要的素质。没有这个素质,今后将不断地受到人际交往的困扰,而且将失去很多机会。有的时候是因为在一个场合你腼腆、拘谨而失去机会;有的时候是因为你清高、对人不礼貌而失去机会。

永远不亢不卑,这是一种优秀的心理素质。

同时,宽仁博爱。

就是说,你有那种消化能力,别人说了你什么,别人议论你什么,攻击你什么,对你有什么怨恨,或者对你有什么误解,你宽宏大量;同时有

博爱之心,用广泛的爱心对待大家,对待周边世界。这时候你的心理素质特别安详,特别稳定,特别少额外支出,少自我折磨,就多了很多人生的机会。

敢说敢做,拿得起放得下

对待自己的工作同样是两句话。

第一句话:敢说敢做。

如果你想到的事情不敢说不敢做,叫心理怯懦。如果想一百遍都不敢说,就是有病。想三遍不敢说,就是软弱。想了一遍就说,强者! 说完就做,最棒!

(热烈鼓掌)

所以,我祝大家每一个人都做到敢说敢做。

大家有没有这样的信心?

(有!)

我觉得大家的回答能量还不够,我还要再问一遍,你们确实要进入角色。

大家有没有这样的信心?

(有!)

好极了!

那么,第二句话:拿得起,放得下。

减少额外的支出,就是对它的注释。

根据我的研究,很多人做的事情并不多,可是累得很厉害,就是额外支出太多,愁的。一个人在一生中有多少发愁的事情啊?

说句笑话,你们不都是面临毕业分配吗?这个毕业分配,不是大家都要去解决的问题吗?可是很多时候,愁并不是在解决问题,只是在愁。愁是没有用的,任何问题都要靠行动去解决,愁是额外支出。

很多人有一个思维习惯,什么事情来回愁来回想,什么也没做。拿得起,放不下。这个状态不好。拿不起来,不能做成事情;拿起来以后放不下,是额外支出,也做不成事情。

那么,我们把这八句话整个念一遍就是:

自信积极,微笑乐观;

满不在乎,轻松自在;

不亢不卑,宽仁博爱;

敢说敢做,拿得起放得下。

现在我要求大家发出一个誓言,一个今后调整自己的誓言,也作为今天讲课的结束,以后对你们会有用处。

我念一句大家重复一句,好不好?

(好!)

要有那种三军将士临战前士气高涨的感觉。你对自己发誓,就是我以后要做什么样的人?

我们要做这样的人:

(我们要做这样的人:)

自信积极;

(自信积极;)

微笑乐观;

(微笑乐观;)

满不在乎;

（满不在乎；）

轻松自在；

（轻松自在；）

不亢不卑；

（不亢不卑；）

宽仁博爱；

（宽仁博爱；）

敢说敢做；

（敢说敢做；）

拿得起放得下。

（拿得起放得下。）

我将走向成功、健康、自在的人生！

（我将走向成功、健康、自在的人生！）

好极了！

我祝贺大家！

（热烈鼓掌）

一步进入角色

很多年前，有个年轻人带着当作家的梦想来请教我。他说，老师，我想当作家。

我说，谈谈你的计划。

他说，我先用两年时间把现代、当代的文学作品没读的都读了，然后再用两年时间钻研古代文学。这四年基本功打好了以后，我开始练笔，进行写作。

我说，如果这样做，是错误的方针。我只告诉你一句话，从现在开始把自己当成作家。用这样的眼光重新处理自己的笔头工作；同时用这样的眼光去看书；从今天开始练习写作。

这就是一步进入角色。

我们下一次讨论，就是如何使自己一步进入应该进入的角色：如何设计自己具体的角色？设计了以后如何进入？设计的技术是什么？

我们将谈论这个问题。大家回去先想一想，好不好？

（好！）

今天我们就交流到这里。

五　人可以重新自我塑造的
心理学基础

　　上一课讲完以后，很多同学反应热烈。有的同学说，他的思想从这一天开始发生变化，我非常高兴。还有的同学说，他的人生可能从这一天起找到新的机会，我也很高兴。如果再过五年、八年、十年，很多朋友回过头来说，我的一生能够有今天的发展，与那一天我们的交流、参与是有关的，我将由衷地感到高兴。

　　希望今天的交流能与上次一样，每个同学都不只是单纯地听课，大家都是心理自我重建的参与者和实践者。就好像我们上次讲的，军队作战，原本是人力、物力的实力相争，但是在作战之前双方常常都要宣誓。为什么？

　　通过自己要战胜敌人的誓言提高士气，调动自己的心理能量。

　　为了重建自己的心理素质，必须调动自己的心理能量。

　　希望朋友们能够在交流中互相呼应。如果你对这个问题明白了，请大声回答：明白了。如果你对这个问题懂了，请大声回答：懂了。如果你对这个问题会了，请大声回答：会了。如果大家对改变自己有信心，请大声回答：有信心。

　　现在，请所有在场的朋友面带微笑。

　　（听众大笑）

　　这是大笑。

我们讲过,微笑是重建心理素质的一个基本态度,有助于身心的放松,有助于我们在这个世界上获得更多的机会、更多的朋友、更多的人缘。

现在,我重复一下上次讲的几个最简单的观点:

幸福的人生,如果要完整地概括是十个字:成功,道德,健康,美丽,自在。

简单的概括就是六个字:成功,健康,自在。

自我重建心理素质,最重要的是四个方面、八句话:

人生总态度:

第一句话,自信积极;

第二句话,微笑乐观;

对困难与压力:

第三句话,满不在乎;

第四句话,轻松自在;

对待人的态度:

第五句话,不亢不卑;

第六句话,宽仁博爱;

做事情的状态:

第七句话,敢说敢做;

第八句话,拿得起放得下。

一个基本的信念叫做:

相信自己可以重新塑造自己。

我再问一遍:对于重新塑造自己,使自己的人生变得成功、健康、自在,大家有没有信心?

(有!)

很好。

今天,我们将在上一次交流的基础上更深一步往前走;同时继续在现场进行心理自我重建的实践。

大家还是面带微笑。

语言的暗示与自我暗示作用

今天讲的第一个问题,阐述我们的基本信念——人可以重新塑造自己的心理学基础。

上一课已经大致谈到了这些奥妙,今天既要言简意赅,又要概括全面,把心理学和现代有关学科如思维学、语言学、社会学、文化学等相关的东西,融合人生的经验,言简意赅、清楚明了地告诉大家。

人与其他动物不一样。对于人和其他动物的分别,这个世界上有各种学科,有各种界定。其中有一个界定,人是接受暗示和自我暗示的一种高级生命。

根据心理学与相关学科的综合研究,这些暗示和自我暗示有如下层次:

第一个层次,我们日常所说的狭义的语言文字系统对人所起的暗示和自我暗示作用。

我曾经讲过这样一个游戏,希望大家不去做,这是一个比较残酷的游戏。

十个同学约定好,对某个人做一种游戏。比如这个同学叫张三,今天他一来上课,第一个碰见他的同学就说,张三你怎么了,看你脸色这么不好?张三说,我没事呀。这是第一句话。第二个人碰见他也说,张三你怎么回事呀,怎么这个样子呀?他说,我没什么呀。他已经不太坚定了。当第三个人讲,张三,你最近去过医院吗?他就会产生更多的疑惑。

当十个人都非常真实地、表演到位地重复一个概念:你张三不正常,有病,很严重,需要去检查。结果是什么呢?张三真觉得自己有病了。然后真的去医院检查了。而且很可能真的查出疾病了。

这叫语言的暗示力量。

一个人偶然吃一种他很陌生的食物,本来没有什么,可是有人告诉他,这个食物是非常有害的,曾经引起过许多人不正常的生理反应乃至生病。过了一会儿,他果然发生了痉挛性的胃痛。

这叫语言的暗示作用。

语言不仅对他人有暗示作用,还有自我暗示的作用。一个人如果想装病,他见一个人就说我今天胃疼、肚子疼,说得多了,他真的胃疼啦。就好像有些作家在写到一个人物难受的时候,因为他体验人物的自我感受,结果作家也跟着难受。

语言有着非常明显的暗示和自我暗示的力量。

当我们讲自信积极时,要在前面加一个“我”字,我自信,我积极。

这就是语言的自我暗示。

大家明白我的意思吗?

(明白!)

动作语言与表情语言

那么,我们讲暗示和自我暗示的第二个层次。

在这个世界上,人们交流不仅通过语言,还通过形体动作和表情。

从广义的语言学来讲,动作和表情也是语言,叫做动作语言和表情语言。

如果我对你挥动拳头,这个动作表明威胁。如果我对你鼓掌,表明对你的欢迎、鼓励、赞扬和支持。如果一个人与对方谈话时紧抱双臂,表明对对方有排斥感和对自己的安全不够放心。如果一个人与对方谈话时背着手,起码在中国从未见过一个科长对着部长这么谈话的;但是部长对着科长却可以这种姿势。这个动作表明我凌驾你,我比你优越。如果一个女性将两手握在胸前,像我们的女高音歌唱家似的,这是抒发爱情。如果一个人推着自行车跟你说话,他每隔一会儿原地蹬一下自己的脚蹬子,让脚蹬子空滑一下,表明他希望这个谈话结束。如果他不是扶着自行车,而是俯身趴在车把上,表明希望这个谈话长久。

大家是否知道微笑什么含义,斜眼看人什么含义,目光正视什么含义? 这些表情、动作都是语言,叫做形体语言、表情语言。

动作语言和表情语言,依然具有非常强烈的暗示和自我暗示作用。

如果一个同学在这里演唱,大家不断地为他鼓掌。这是给了他肯定的、赞扬的暗示,他增加了信心。反过来,如果大家噼里啪啦地摔打手中的东西,站起来,看表,走动,表明对他的演唱不耐烦。

朋友们要体会微笑给我们带来的自我暗示的力量。

微笑是健康的产物。

微笑是自信的产物。

微笑是愉快的产物。

微笑是安详、宽谅、博爱的产物。

反过来,微笑给自己带来了自信、愉快、宽仁和安详。

朋友们,当你在清晨开始新的一天时,当你大步走向课堂时,当你进入图书馆时,当你散步时,当你坐在桌子旁开始写作时,请先漾起一个微笑,它会使你在这样一个程序中,始终处在比较放松、愉悦、轻松、自在、安详、健康的心态之中。

因为你做了一个良好的自我暗示。

装扮的语言意义

不仅如此,我们每个人的服装、发式、佩戴同样包含着语言。

今天你穿深色西装,打着领带,表明对这个场合的尊重、庄严。今天你穿一件 T 恤,表明这个场合的轻松随意。今天来了客人,你穿着拖鞋接待,两种含义,要不就是你们亲密无间,要不就是对客人不够尊重。

我们的服装、发式、佩戴,无不含着对于外界的一种表示,一种态度,一种潜在的语言。这种语言同样可以对别人产生暗示作用,也可以对自己起到自我暗示作用。

朋友们,如果你来到一个场合,所有的人都盛装出迎,你会感到自己被摆到了一个非常受尊重的位置上。如果你到一群朋友中,大家都袒胸露臂、趿拉着拖鞋、摇着扇子接待你,表明十分随意,也可能因为亲近你,也可能因为轻视你。

当医生身穿白大褂面对病人时,他给人一个圣洁的、可依赖的暗示。当一个法官、一个牧师、一个宗教仪式上的宗教领袖身穿长袍主持某种仪式时,任何人都会感到一种威慑和庄严。

如果一位医生穿着背心短裤给你治病,你什么感觉?

同样是一个人,感觉完全就不一样。

大家想一想是不是这样?

（是！）

医生在行医时穿着白大褂,与他穿着背心短裤给人的感觉完全不一样。身穿白大褂时,他可能一句话就把你给说好了,他告诉你这种症状不要紧,回去休息休息就好了。你回家休息一下果然就好了。可是,如果他穿着小背心就不管用啦,就是缺乏了医生这种权威的暗示作用。

那么,我想请朋友们审视一下,你的穿着对自己有什么自我暗示作用?

当我们讲自信积极、微笑乐观时,不仅体现在我们的口头上,不仅体现在我们的表情上,也体现在我们的穿着、发式和佩戴上。如果一个人的穿戴表明他积极自信、微笑乐观、轻松自在,这个穿着适合他。否则,尽管穿得朴素或者严谨,穿得花哨或者漂亮,可是显得他并不自信,或者因为他朴素而不自信,他觉得自己穿得太寒碜了,或者因为穿得华丽而不自信,他觉得自己穿得太扎眼了,那么,这个穿着是失败的穿着。

大家明白我的意思吗?

（明白！）

女孩子们会有感觉的。穿得太差了,自己会感觉不好;有时穿得太华丽了,自己感觉也不好。真正的好感觉是自在、自信、随意、洒脱、大方。每个人都在文化中生活,人一旦把一种衣服穿上了,就不能不受这件衣服的影响,就不能不受这个服装的自我暗示。这是任何人都不能排除的。

这是我们讲到的暗示及自我暗示的第三个层次。

人的社会行为的语言意义

第四个层次,大家知道,我们在社会中的行为不仅是语言,还有动作。

如果今天朋友们在听我讲话的过程中，一半人站起来退场，这个行为就表明对这次活动的一种排斥。如果一个同学在学校勤工俭学，这个行为表明他对生活的一种态度。如果一个同学在对待家长的态度上，宁肯自己给予父母，而不是父母给予他，这个行为表明他对生活的一种选择和他对命运的一种判断。

这些都是语言——潜在的语言。就好像父母过生日了，你买了一束鲜花送去，即使没有写信，没有说一句话，这个行为已经充满了语言。

行为作为社会文化既对他人有暗示，当行动的时候对自己也有暗示作用。

环境的语言意义及暗示作用

朋友们，我们生活在各种语言、潜语言、隐语言的暗示包围之中。

展开来看，大自然这个环境每天都在暗示我们。当我们见到大海，我们受到大海的暗示，心胸不由得开阔；我们见到高山，受到高山的暗示，不由得感到庄严而宁静；我们见到峭壁，感到陡峭险峻，受它的暗示；如果你见到一个臭水沟，也受它的暗示，你的心情不由得变得狭窄、阴郁。

环境的暗示是不可抗拒的。不仅在自然环境中是这样，在社会环境中，社会文化对我们同样是有暗示的。当你们在黄土高原上生活，寂寞、荒凉、恬淡、安静，你们的心态也和黄土高原一个调子。当你在闹市中生活，这里的霓虹灯、车水马龙，整个喧嚣的世界，也使你心里充满了繁稠热闹的旋律。我们在这个世界中生活，大自然和社会文化融为一体，于

是,我们受到一个民族的地理空间和它的文化特点的暗示。

大家可以想一想,中国人为什么和其他国家的人有所不同? 这就是一个地理、气候、文化等综合环境对一代又一代人的影响、暗示、累积的结果。

人在制造文化,文化在制造人。

人在改造自然,自然在塑造人。

这是一种相互反复循环的事情。

那么我们就看到了,在环境、文化、自然对人暗示的过程中,有了一个地域的差别。我们这里肯定有江苏、上海来的人,对不对? 那个地方的文化,包括那里的地方戏是什么样的感觉呀? 越剧、绍兴戏、沪戏,是热情、温柔、靡靡软软的调子。那个地方地少人多,生存空间稠密,它们所形成的文化、生活节奏就是这样。

反过来,这儿有没有陕西、山西来的人呢? 有吧? 你们看看那个秦腔、山西梆子无比地高亢。我在山西生活多年,听山西梆子的老乡只要听到高亢处,不管好坏,他都热烈鼓掌。为什么呢?

戏剧原本是人类语言交流的延伸。我在这山,你在那山,走路要一两天,人们交流就靠大声喊,喊出歌来,歌声肯定是高亢嘹亮的。

因此,在不同空间生活的人,素质、性格特点都不一样。

江浙一带的人温柔热情,西北高原的人粗犷豪迈,感觉是不一样的。

这是文化、地域对人反复暗示、累积的结果。

古人为什么说这个地方有风水呀? 说风水,一般人可以把它判定为迷信,但是我们可以换一种语言,叫环境心理学,这就是科学。你在这个环境中生活,这个环境造成你这样的生理状态、心理状态,这就是环境对你的影响。有的人不愿意承认这一点。

有的人上班,每天中午在沙发上坐半小时,就算休息了。不管环境是什么，他都能休息。但给你换一种方式，仍然是坐在沙发上不动，也不碰你，只在你身体上放一个紧扣的玻璃罩，当然有透气孔，你还能休息吗？很难休息好。这就是环境的变化。

一个人在社会中生活，不仅受到语言的影响，还会受到环境的影响。广义地说，大自然也有语言。大海，叫宽阔。高山，叫庄严。小胡同，叫狭窄。大漠辽阔，连绵起伏，这叫豪迈。都是用潜在的语言暗示你。

重建自己的心理素质

明白了这些道理，就明白了一句话，那就是每个人都可以重新塑造自己。因为我们认识到，今天之所以这样，是因为我们有种种暗示的累积。说到遗传，不过是几代乃至几十代人暗示、自我暗示积累的一个传递。说到家庭，是家庭环境、文化、人际关系种种语言、表情、房屋装饰和环境这些语言给你的暗示。说到环境，则是时代、历史、社会、文化、大自然、地域对你的种种暗示和自我暗示。

也就是说，在这个世界上，语言等于表情，语言等于动作，语言等于服装、穿戴、发型。语言等于我们的自然风光。语言等于我们的风景。语言等于我们整个社会文化的方方面面。

因此，我们就应该这样想，既然过去的暗示能够使得我产生今天这个结果，那么，当我们掌握了暗示和自我暗示的规律，就有可能重建自己的心理素质。这就是相信自己能够重新塑造自己的一个心理学基础。

大家明白我的意思吗？

（明白！）

六 暗示和自我暗示的基本规律

自我暗示：潜移默化的重复

当我们决定重新建立自我暗示的体系时，要掌握暗示和自我暗示的几个最基本规律。

暗示和自我暗示的规律很多，这里讲的是其中我们经常应用的几条规律。暗示的第一个基本规律叫做重复，潜移默化的重复。

可以告诉大家，世界上所有的广告就利用了这个心理机制在起作用。当一句话反复重复，一个表情语言反复重复，一个环境语言反复重复，就在你的潜意识中输入了程序。因此，当大家决定用一个良性的自我暗示体系来暗示自己时，要掌握一个规律，那就是不断重复。

这是第一个规律。

自我暗示：内模拟

第二个规律：内模拟。

这里我讲一个例子，真实的故事。

一个雕刻家，在他青少年的时候，应该说是个长得挺好看的人，后来他发现自己的相貌越来越不好，变得很丑，脸部严重变形，一条一条的横肉。于是，他到处想办法医治，找遍了中医西医，也查不出毛病。后来，他找到一位有很高功德的老师。

这位老师对雕刻家讲，我可以治疗你这个相貌变丑的毛病，但是我不能白给你治，你要先帮我做一点事情。他说，可以，做什么？

老师说，我要你在庙寺里帮我雕塑几座观音像。

于是，他开始帮老师雕塑观音像。

在雕塑观音的时候，大家都知道，他要把观音的形象雕塑出来，他就不断地想象、观想观音的相貌。观音是个什么相貌呢？我们不是讲宗教，我们这里不涉及宗教，我们讲观音是作为一个形象。千百年来在中国，观音的形象凝聚了人民对健康、善良、宽仁、圣洁这种造型的含义。因此，在雕塑这个形象时，他发现自己的面部表情经常有一种变化，他在雕塑观音的过程中面部表情一直在变化。

半年过去了，观音像雕塑好了，他发现自己面目变丑的毛病也被治疗好了。他又变得像青少年时代一样，相貌端庄好看。

他就对老师说，感谢你用你的功夫把我治好了。

老师说，是你自己把自己治好了。

在此我要给朋友们所作的注释是：这个雕塑家在此之前若干年中，他主要做一个专题雕塑，雕塑夜叉。

（众笑）

大家觉得好笑吧？

你们想一想，一个人画画，他画什么，表情不由得就模拟什么，叫做内模拟。对不对？每个人都会有感觉的。有些喜欢看球的人，球在别人脚底下，你们脚底下不也在帮着使劲嘛。看网球比赛，你常常止不住手

底下也在用劲。

这叫内模拟。

看见一个漂亮的人，你的表情也在模拟，这叫内模拟。看见一个漂亮的风景，欣赏也是模拟。反过来，看到不好的表情、不好的风景、不好的人物、不好的绘画、不好的故事、不好的想象、不好的情绪、不好的命运，你都在做一种不好的内模拟。

很多人都有这种感觉，如果自己没有良好的状态，当你去看护一个处在痛苦中的病人时，往往没有力量让对方跟随你，受你的调整，以你的微笑来影响对方，使对方减轻病情、宽松心态；相反你会受他的影响，结果自己也变得很不舒服。你被他的不舒服，被他身体的痛苦所感染。因为你在内模拟。

在这里我要讲到一句话，这是我曾经说过的一句格言：

表情是瞬间的相貌；

相貌是凝固了的表情。

我在生活中经常看到这样的人，他这段时间，几个月或者半年一年，因为有一件悲伤的事情折磨他，他始终是悲伤的表情。时间长了，表情凝固下来，就成为悲伤的相貌。一个人从年轻时起就和和善善、快快乐乐，老了以后，他的相貌就是慈眉善眼。一个人多年的愁苦，老了就是愁眉苦脸的相貌。这个观察是非常准确的。再进一步，如果你愁了一些年，表情变成相貌，这时结婚生孩子，就遗传给孩子。如果你的孩子跟着发愁，就会把愁苦遗传给再下一代。

这个世界上有人好看，有人不好看，就是这样一代一代累积成的。

什么是美丽呀？同样一个人，他现在健康、快乐、善良，就显然比不健康、不快乐、不善良时美丽。他现在嫉妒、心窄、怨恨、愁眉苦脸，就显

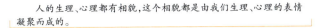

然比健康、快乐、善良时丑陋。

因此,美貌其实是多少年多少代累积下来的表情。

朋友们,我曾经讲过又一句格言:

相貌是凝固的表情;

表情是瞬间的相貌。

如果我们的五脏六腑也有表情,大家可以想象,我们的脸可以微笑,我们的胃也可以微笑;我们的脸部可以抽搐,胃也可以痉挛。我们的脸可以激动愤怒地扭曲,我们的胃也可以扭曲呀。脸经常扭曲,时间长了,成了扭曲的相貌。胃经常扭曲,时间久了,就成了疾病。

因此,在讲到内模拟时,告诉大家,人的生理、心理都有相貌,这个相貌都是由我们生理、心理的表情凝聚而成的。

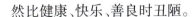

自我暗示:催眠

暗示和自我暗示的第三个主要机制,即我们通常讲的催眠机制。

当我们进入恍恍惚惚的状态,当我们进入理智比较松弛的状态,当我们处于要睡未睡、要醒未醒的状态,当我们因为受到突然的感情冲击处于理智中断的状态,当我们因为恍然大悟理智处于空白的状态,当我们处于艺术创作之中鬼使神差的空灵状态,在这一切状态中,人最容易受环境的暗示,最容易受信号的自我暗示。

在这里,我们就得到了两个规律。一个规律,当我们需要抵抗外界的不良暗示时,要提起我们的理智。不要恍兮惚兮,不要似睡非睡。不要在这个时候受到不良暗示。人在醉酒时,休克时,昏迷时,或其他恍惚状态时,任何不良暗示都能产生比平常情况下多几倍、几十倍、几百倍的

影响。

反过来，如果你给自己设置了一个良好的自我暗示，你处在恍兮惚兮的状态，空灵的状态，逻辑中断的状态，在这种放放松松的状态中，自我暗示可以得到事半功倍的效果。

也就是说，当你现在随便说一句话，"我自信积极"，这对自己的暗示作用是比较微弱的。如果你把"自信积极"四个字写在墙上，安安静静坐好，进入一种非常放松的状态，然后在心中非常澄静地去体会"自信积极"这四个字的感觉，用那种若有若无的声音默念这四个字时，这四个字就深深地进入了你的潜意识。

大家明白我的意思吗？

（明白。）

这是一种暗示和自我暗示的规律和机制。当我们在这种状态的时候，大家就能够创造一个迅速改变自己的奇迹。在这种时候，一定要注意很多细节。

每天早晨刚刚醒来的时候，每天夜晚即将入睡的时候，当你心态特别宁静的时候，当你心情最放松、最悠闲的时候，是你进行自我暗示调整的最佳时刻。

七 重建良性的 自我暗示体系

人生原则体系

第三个问题,我们要重建自我暗示的体系。

我们不是已经懂得了人是受各种语言的自我暗示和暗示吗?我们不是懂得了暗示有三个最微妙、最起作用的机制和规律吗?那么,我们就要善于运用这些机制和规律对自己进行心理重建。

这个体系的重建主要分三个部分。

第一部分,人生原则体系。这个原则是我们反复讲到的那些内容,再加上一些条款。我把这些条款用非常郑重其事的声音念给大家,大家体会一遍,然后用这种感觉每日去体会。

请面带微笑,使自己心头比较放松,不要有其他杂念。

我应该做这样的人,首先是六个字:成功,健康,自在。

我应该做这样的人,有这样八句话:自信积极,微笑乐观;满不在乎,轻松自在;不亢不卑,宽仁博爱;敢说敢做,拿得起放得下。

这八句话是四个方面。

人生总态度:自信积极,微笑乐观。

对待压力、对待挫折:满不在乎,轻松自在。

对待人：不亢不卑，宽仁博爱。

对待自己的事业和行为：敢说敢做，拿得起放得下。

我相信四个公式：

第一个公式，成功＝人的能力＋机会；

第二个公式，人的能力＝智力＋非智力心理素质；

第三个公式，智力的最高表现是创造力；

第四个公式，最重要的创造力是每日发现自己对于人类和社会的新用途。

我要做这样的人，有四个爱：

一、爱创造；

二、爱自然；

三、爱音乐；

四、爱人，包括爱可爱的异性。

四个爱是一个健康的人必须具备的几种爱。

我要有这样一个基本信念：相信自己可以重新塑造自己。

我的人生基本态度：永远以微笑面对人生。

当进行自我暗示时，要给自己设计一个形象，原则就是十六个字：顶天立地，光明正大，大慈大悲，心比天宽。

那么，我们所说的成功心理学，所说的心理重建，原则体系就是这样六个字、八句话、四个公式、四个爱、一个基本信念、一个基本态度、一个基本形象。

我现在把它重复一遍，要求像上次一样，我念一句，大家念一句，而且要发自真心地念，希望大家投入和参与，要有感觉。

我要做这样的人：

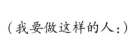

（我要做这样的人：）

成功,健康,自在。

（成功,健康,自在。）

我要做这样的人：

（我要做这样的人：）

自信积极；

（自信积极；）

微笑乐观；

（微笑乐观；）

满不在乎；

（满不在乎；）

轻松自在；

（轻松自在；）

不亢不卑；

（不亢不卑；）

宽仁博爱；

（宽仁博爱；）

敢说敢做；

（敢说敢做；）

拿得起放得下。

（拿得起放得下。）

我要做这样的人：

（我要做这样的人：）

相信人的成功等于机会加能力；

（相信人的成功等于机会加能力；）

相信能力等于智力加非智力心理素质；

（相信能力等于智力加非智力心理素质；）

相信智力的最高表现是创造力；

（相信智力的最高表现是创造力；）

相信最重要的创造力是每日发现自己的新用途。

（相信最重要的创造力是每日发现自己的新用途。）

我要具备四个爱：

（我要具备四个爱：）

对创造的爱；

（对创造的爱；）

对自然的爱；

（对自然的爱；）

对音乐的爱；

（对音乐的爱；）

对人、对可爱异性的爱。

（对人、对可爱异性的爱。）

我的一个基本信念：

（我的一个基本信念：）

相信自己可以重新塑造自己。

（相信自己可以重新塑造自己。）

我的一个基本态度：

（我的一个基本态度：）

永远以微笑面对人生。

（永远以微笑面对人生。）

我的一个基本形象：

（我的一个基本形象：）

顶天立地；

（顶天立地；）

光明正大；

（光明正大；）

大慈大悲；

（大慈大悲；）

心比天宽。

（心比天宽。）

（全场热烈鼓掌）

文化整合体系

以上是人生原则体系，现在讲文化整合体系。

这个世界就文化而言，东方文化与西方文化各有所长。我们现在不必在文化中做繁文缛节、浩瀚无边的探究，我们只是把东方文化与西方文化中都有共识的那些最优秀的素质作一个概括。

那么，需要建立如下这些意识：

这些意识并不需要很烦琐地去一个一个地论证，想象着怎么建设，但对这些东西方文化整合过程中的代表性意识要有概念。只要把这二十多个意识不断地去想，强化这种感觉，它会在自己的行为中慢慢生长起来。

　　这些意识是：主体意识，主见意识，独立意识，竞争意识，奋斗意识，创造意识，勤俭意识，效益意识，金钱意识，自由意识，民主意识，法律意识，道德意识，助人意识，组织意识，集体意识，民族意识，人类意识，环保意识，生态意识，宇宙意识，表达意识，社交意识，健康意识，安全意识，新闻意识，审美意识，爱的意识。

　　这些意识是优秀的现代人应该具备的意识。

　　我现在把这些意识再重复一遍，希望大家像刚才一样跟我一起重复。

　　我应该具有如下这些现代意识：

　　（我应该具有如下这些现代意识：）

　　这句话声音不太大，看来大家的感觉不是很好。你确确实实要通过这种自我暗示，使这些意识很简单地进入自己的心理。就像我曾经讲的，不要只在口头上听一听这些理论，要真正进入这种感觉。

　　如果你想有这些意识，那么就确实用想有这个意识的态度来复述。

　　重新开始。

　　我应该具有如下这些现代意识：

　　（我应该具有如下这些现代意识：）

　　主体意识，

　　（主体意识，）

　　主见意识，

　　（主见意识，）

　　独立意识，

　　（独立意识，）

　　竞争意识，

（竞争意识，）

奋斗意识，

（奋斗意识，）

创造意识，

（创造意识，）

勤俭意识，

（勤俭意识，）

效益意识，

（效益意识，）

金钱意识，

（金钱意识，）

自由意识，

（自由意识，）

民主意识，

（民主意识，）

法律意识，

（法律意识，）

道德意识，

（道德意识，）

助人意识，

（助人意识，）

组织意识，

（组织意识，）

集体意识，

（集体意识，）

民族意识，

（民族意识，）

人类意识，

（人类意识，）

环保意识，

（环保意识，）

生态意识，

（生态意识，）

宇宙意识，

（宇宙意识，）

表达意识，

（表达意识，）

社交意识，

（社交意识，）

健康意识，

（健康意识，）

安全意识，

（安全意识，）

新闻意识，

（新闻意识，）

审美意识，

（审美意识，）

爱的意识。

（爱的意识。）

这些意识是优秀的现代人应该具备的意识。

（这些意识是优秀的现代人应该具备的意识。）

那么，大家需要对这些意识有一个大概的、整体的感觉。我们在心中不排斥这些意识，也不那么褊狭地追求其中某一个意识，当我们把所有这些意识放在自己的视野之内从心理上反复过渡时，我们就会成为一个比较完美的人。

具体角色体系

重建自我暗示体系的第三部分，叫做具体角色体系。

我曾希望大家在上次讲座以后作一点自我角色的设计，我还举了一个例子。

一个年轻人来问我，他有一个当作家的计划：先用两年时间读当代、现代的文学代表作品；再用两年时间通读古典的文学作品；到第五年开始练笔写作。

当时我只给了他一个建议，我说，你从今天开始把自己当做作家，一步进入这个角色。这位朋友受到启发，开始练习写作并陆续发表了作品，成为一个小小的作家。

当一个人进入角色之后，他的阅读，他对生活的观察和体验，他笔下的表达，就一下子有了新的角度、新的境界。作为向文学与作家的目标挺进，他的效率应该说是事半功倍。

如果朋友们对自己的人生有这样或那样的长远追求，有一个长远的设计，我能给你的忠告是：首先一个原则，从今天开始就要进入角色。

这是一个非常简单又是非常有效的原则。

你想当作家，今天就要用作家的眼睛、心态来对待一切文化和生活。如果你希望成为经济学家，今天就要用经济学家的感觉来对待身边发生的一切生活，从经济到政治。如果你想成为外交家，那么，今天就用外交家的眼睛来看待报纸上的每一条国内外消息，作出像是外交家的评判。

希望大家找到这种感觉。

设计角色的一步到位在当代有很多说法，可以说是直接法，也可以有很多概念来界定它。不管是什么说法，我在这些年都深受这个原则之益。一步到位地进入角色，常常会省去很多没有自信的徘徊、犹豫和浪费时间。

为什么要那么浪费时间呢？

在北外校刊发表作品的同学希望我谈一谈对他们作品的看法，我对他们的忠告是：如果这些朋友以后想搞文学创作，还是刚才那句话，从现在开始把自己当成作家。用作家的眼光来处理问题，判断作品，判断自己的作品和别人的作品，判断生活，判断人物，判断一切感情体验。

如果你想当政治家，不要说以后，从现在开始就要进入政治家的角色，用这种眼光来判断事物，用这种口气谈话，来评判海内外一切事务。如果你要当交际家、社会活动家，都要从今天开始进入角色。千万不要说先准备几年、积累几年，再努力接近那个角色，出色的人都不是这样工作的。

所以，在人生中对于自己已经看定的那个未来角色，要迅速缩短和它的距离，一步到位。然后，从这个角色出发评判自己。你就会知道，我处理这个问题现在看来还不太有把握，我在那方面还有欠缺，我现在这方面要紧急出击，在那方面我还可以从容弥补。你掌握了做事的轻重缓急,找到了方方面面的战略和策略。

如果你想当企业家,下海做商人,千万不要推到五年之后,现在就把自己当做企业家、经济专家,用这个眼光去观察,去实践。

大家能不能明白这里的意思?

(明白。)

对,这很重要。

我们刚才讲了原则体系:六个字、八句话、四个公式、四个爱、一个基本信念,一个基本态度,一个基本形象,也讲了文化整合的几十个意识。当你设计自己角色的时候,希望把刚才讲到的原则体系作为出发点,把你个人的特点作为具体的结合点,把这两者结合在一起,给自己设计一个比较具体的角色形象。

我自信吗?自信。

积极吗?积极。

这个人人都可以做到。但我是一个什么样的人呢?

我是语言学专家?我是著名的翻译家?我是外交家?我是企业家?具体的规律要找一找,要靠自己来设计。大家明白了吗?

(明白。)

在设计过程中,给大家提供一个具体方法,这个方法非常灵验。在设计的具体角色中,要找一个你比较欣赏、比较尊敬、比较向往、比较了不起的人物作为你的参照系。

如果你想当外交家,也可能你欣赏丘吉尔,也可能你欣赏周恩来,也可能你欣赏基辛格,你找一个人作为参照系。如果你对他完全满意,又不想超越他,跟他差不多就行了,那你就把他作为自己的楷模。找到他的感觉,像他那样判断世界,像他那样的角度、风度和态度。

如果这个人物只是大致上可以作为参照，你对他并不完全满意，比如说，丘吉尔，你觉得他这方面还可以，可是在其他方面感觉不太好。你可以丰富他，充实他，加入新的东西。就好像作家写小说一样，以一个人物为模特，还不够丰富，加上其他的人物形象，还可以用虚构来完善和丰满他。

要找到一个具体的形象，使自己能够比较贴近他。

这时候，你的新角色就比较清楚了，比如叫什么名字，是什么样的身份，干什么的？会做什么？将做什么？这个角色包含了刚才讲的那些原则体系，同时又包含了你个人的爱好、兴趣和自己选定的职业。你要经常去体验这个角色，从这个角色出发，设计自己对待这个世界的新角度。

你既然决定从今天开始当作家，那么，作家对待生活、万千世界就与平常人有点儿差异。他并不在乎这些表面的东西，他非常透彻地体验万千人生活相背后的心理情结，他要体验内在的东西，这是作家的眼光。要找到这个新角度。

如果说你今天已经进入经济学家的角度，那么在一切生活的背后，你要看到经济的起伏、变动、联系，看到经济发展的周转循环。

如果你进入外交家的角色，那么，对这个世界所有的外交图景要有一种平衡的感觉，连续的感觉，经常用这种眼光评判一切，包括评判周围的种种人际外交。

如果你是个企业家，就要找到在生活中商业经济的联系与机会。

这样，我们就有了好的角色设计。

八 在行为中确立自己的新角色

深入体验自己设计的角色

角色设计完了以后,最重要的是什么呢? 大家知道,任何一部影视剧,一个角色被剧本设计定了,演员还要通过表演使角色最后确定。心理重建也一样,当你设计好自己的角色时,要通过行为把自己的角色最后确定。

所以,往下要做的实践,也是我们这个交流给同学们留的作业,希望大家都做,做完以后我们再交流。

第一个作业,也就是我们实践的第一点,把自己设计的角色多次深入体验。

活动之前想一下

第二个作业,我们刚才讲到的原则体系主要是六个字,四个公式,四个爱,八句话,一个基本态度,一个基本信念,一个基本形象。希望同学们把它熟记,然后,每天早晨想一下,每一项活动之前想一下。比如进图书馆之前,散步之前,社交之前,学习之前,进教室之前,想一下这几句

话。

将重要的原则醒目化

第三个作业,把我们刚才讲的原则、体会中你认为对自己当前最重要的某一条写在一张纸上,贴在墙上,或者写在自己的笔记本上,一打开就能看见。

比如说,你觉得这些天对你来讲最重要的,是要建立自信积极、微笑乐观的生活态度,那么,你可以把这八个字写在墙上,或者写在笔记本的第一页,使你非常方便地就能看到。

确立新的常用口头语

第四个作业,希望大家给自己确立新的常用语和口头语。

每个人都有自己最习惯的用语,这些语言代表一个人基本的性格素质和思维方式。而当他使用这些习惯用语的时候,就不断地在暗示自己。有的人特别喜欢说这样的话:"哎呀,真糟糕!"这句话他经常重复。你们不要笑,有人经常这样说啦。还有的人说:"哎呀,我怎么这么笨哪!"这是经常重复的话。

那么,也有的人口头语是"没关系"。

经常使用的口头语是反反复复暗示自己和暗示他人的,对自己影响非常深重。

我希望朋友们给自己设计三个常用语。

一个常用语,专门用来宽谅、安慰、鼓励别人的。拿我来说,我和别人谈话,最常用的三个字:"没问题!"这是我经常讲的一句话。

大家按照自己的感觉去设计。

第二,设计一个宽谅、安慰、鼓励自己的常用语。

刚才一个同学说"无所谓",还有什么好话呀?

"满不在乎。"

"没关系。"

大家可以设计。比如我经常会对自己说:"我挺棒的。"有的时候还说:"我这件事情做得真天才。"这是对自己说的,旁边没有其他人。大家可以作参考,明白我的意思吗?

(明白。)

这个时候千万不要谦虚,对自己一个人说话还那么谦虚干什么?

(热烈鼓掌)

大家记住,这些口头语、常用语在千百次地暗示你。你总说"我真糟糕"、"我真傻"一类的话,可以吗?所以我常对别人用的话就是"没问题"!熟悉我的人都知道,我最爱说的话就是"没问题"!

有时候,一个人对我讲困难,讲为难,我对他说没问题;他还继续讲困难,讲为难,我还是说没问题;他还是不停地讲,我还是没问题。懂我的意思吗?

你们也设计一个短语,它要成为你的习惯用语。你当然也可以设计成"我真棒","我真了不起","我挺聪明的"。你可以设计很多专门对自己说的话。

第三句话,是对自己对他人都可以用的,叫解嘲,化解各种心理上的不平衡和压力。比如你在外边骑车,别人犯规,猛然撞了你一下就走了,你觉得很气,总要对自己说句话呀,不说也不合适嘛。又比如你做了一

件很蠢的事情,非常沮丧,这时你特严肃,说"我不怕犯错误",这都不行啊。举个例子,我经常在外边碰见这样的情况,开着车,碰见一个司机特别不讲理,在前边乱犯规,我也不跟他厉害,自我解嘲就是一句话:"这个二百五。"

大家明白我的意思吗?

(热烈鼓掌)

你有时碰见一个很不讲理的人伤害你,你用不着去骂人家,你也不要去追人家,你要说一句解嘲的话,"这个二百五",就完了。同样,自己要是干了件蠢事,也不要太责备自己。在这个世界上宽仁博爱,包括对自己的宽仁博爱。

大家明白我的意思吗?

(明白。)

当你一件事做得很不好,很蠢,你对自己说一句"这个二百五",这就是解嘲的话。

希望大家给自己设计这样三句话。

一句话用来宽慰、鼓励、谅解他人。

一句话用来宽慰、鼓励自己。

一句话可以放之四海而皆准——解嘲。

这个作业大家要完成,没问题吧?

(热烈鼓掌)

人们经常会遇到这种情况,一件事情非常困难,大家都没有办法,这时候任何人的一句话都可以影响大家的情绪。如果这时有一个人说"没关系,没问题",其实他心里也没谱,可是他这么一说,大家突然也就感到没什么问题了。如果这时你说"哎呀,问题严重了",大家就都觉得严重了。

在这种时候,一句话的作用非常重要。

根据我对世界上很多重大的政治、军事、经济、文化现象的研究,包括人生成败的研究,很多时候就在那些时刻的一点点差别。举一个例子,十个人对十个人拔河,势均力敌。这时候在任何一方,哪怕是一个小孩加一点力量,平衡就破坏了。本来势均力敌的十个人对十个人,一点小小的力量就导致这边胜利,那边要失败。

天下有很多事情,在非常微妙的时刻这样抉择就要失败,那样抉择就会成功。很多事情你信心大一点就会成功,信心小一点就变成失败。跳高世界纪录,你高了一点就过杆,低了一点就掉杆。

事情往往并不是很容易成功的,许多伟大的奇迹都产生于将将能够成的状态之中。成功者的能力、心力、条件、机会其实都不是绝对过剩,取得人生的高境界有时就在那一点点差别。这时,你用一句什么样的话来暗示自己、暗示他人就非常重要。而这个时刻常用语往往脱口而出。一言既出,驷马难追,对自己、对他人已经暗示了。

所以要设计好这三句短语。大家明白吗?

(明白。)

用新的走相每天走一段路

好,下面一个作业,希望每个人重新审视自己走路的走相。

站着的站相、坐着的坐相、睡相我不管。大家不要笑,如果朋友们确实非常平静地想一下、观察一下、体验一下自己,我相信在座的朋友中也有这样的例子。有的人终生都不会挺胸抬头、悠闲欣赏地走路。大家可

以注意一下，校园里一定有这样的学生和老师，任何地方都有，他总在匆忙之中走路，总是低垂着头走路，总让人感觉是在溜边儿的状态中走路。

一种不自信的走路方式。

这种走路方式、形体动作是一种语言，每天都在暗示自己。

我们有的时候因为时间紧可以走得快一点，有的时候轻松一些可以走得慢一点。但无论快和慢，这个走相是在每天暗示你的心态的。很多人一年到头就没有见过他挺胸抬头，非常从容地观赏周围的环境，优优越越、从从容容、自自在在地走路。有的女孩子二十多岁了，她从来都是低着头匆匆地走路，为什么？也可能长期压抑的生活对她造成了一种不自信、不从容、不健康的心理节奏。

大家注意过动物世界吗？那些没有安全感的动物从来就是胆战心惊地在草地上、树林里窜来窜去。

（热烈鼓掌）

一头狮子出现在一个地方，它是如入无人之境啊！它从从容容、优哉游哉地走路哇！

记住，当我们在生活中不自信，对自己的力量不自信，对自己的外貌不自信，对自己的生活不自信，对自己的性格、魅力不自信，对自己的服装不自信，对自己的金钱不自信，对自己的才能不自信，都会造成你走相的不自信。

希望每个同学重新审视自己的走相和站相，重新给自己设计一个走相和站相。而且我要求大家，确实用新的走相每天走一段路。

懂我的意思了吗？

（懂！）

你看，有些女孩，有些男孩，下课了，放松了，他们不管穿什么，哪怕穿短裤小背心，他们可以从从容容地走，挺胸抬头，观赏周边世界。可是有些人就不能。许多人一定注意过，外地人刚到北京时，无论是学生还是其他人士，也许是打工的民工，他们走在北京的街道上都不自信。当他们在北京的时间比较长了，找到了成为北京人的感觉之后，他就走出那个自信来了。

不管这个人穿的是什么，北京人大概一眼就能看出这个人是外地人还是北京人。为什么？走路把一切对这个地方的关系都表明了出来。我们到一个单位去，比如去民航，有个小姐提着包溜溜达达地走过来了，你一看她那样子，只有在民航工作的人才有这种"悠闲自在，我是这儿主人"的感觉。可是我们必须有一个在任何地方我都是这里的主人，我是这块土地的主人，我是这个世界、这个宇宙的主人的感觉。

这叫真正的主体意识。大家明白我的意思吗？

（明白！）

（热烈鼓掌）

所以，首先重新审视自己的走相、站相；其次，重新设计自己的走相，不管是快是慢。然后，每天用这种新走相，最起码走一段路。这一段路越长越好。不管在校内校外都要这样走一走，感觉感觉。这是改变自己的一个特别重要的方面。

走相，就是动作的常用语。

大家明白我的意思吗？

（明白！）

如果你走得不自信，就是每天在对自己说，我这个人真笨，我这个人真差，我这个人特没能耐。

必须要走得优美，走得自信，走得自然，走得平衡，走得从容。

重新设计自己的发型、服饰

第六个作业，重新设计自己的发型、服饰。

大家知道，穿什么，理什么发，戴什么表，肩上背着什么书包，这是一个经常对自己进行自我暗示的装饰语言。

明白我的意思吗？

（明白。）

大家要找到这种感觉，自己设计。

重新设计自己的社会行为与交际方式

第七个作业，重新审视和设计自己的社会行为、交际方式。

在这里，我提出一个特别重要的人生原则和人生艺术。

在这个世界上，和别人不相干的事情，自己做起来没有心理障碍，比较容易。自己看书，自己学习，自己溜达，一般来说心理障碍少。

有两件事情难做，可是最重要：一件，是帮助他人；一件，是求他人帮助。有的时候帮助他人心理没有障碍，做起来很好；有的人求人帮助很难张开嘴，很困难，有心理障碍。

我们的心理重建有一个原则，叫做把帮助他人和求他人帮助当做快乐。

大家一听，对这个设计有点纳闷，把帮助他人当做快乐还好理解，求人帮助自己也当做快乐则比较难理解。我告诉大家，这个世界上真正成为一个优秀的人，就在于把这两件事都当做快乐。这两件事情都做得轻松、漂亮、自在。

有的人天生就善于帮助，乐于助人。而帮助人的第一特征，首先善于给对方微笑。微笑从来是对对方的一种关心、帮助、勉励和良性暗示。那么，帮助他人的快乐，现在有一个非常通俗的用语，我认为这个用语实际上很深刻，叫做"给予是幸福"——助人为乐。

大家一定要真正体会，这句话一点都不庸俗，只是被某些宣传给搞庸俗了。在这个世界上能够给予人很幸福啊。比如父母年迈了，如果你能对父母有点表示，你挣了钱给父母过生日，你挣了钱给父母装修房屋，你快乐不快乐呀？

（快乐。）

幸福不幸福哇？

（幸福。）

可是反过来，现在靠父母养活，十年以后还靠父母资助，幸福吗？

（不幸福。）

给予是很大的快乐，很大的幸福。在这个世界上给予是幸福，但过多的给予往往有害于他人，是一种自私的崇高。

大家明白我的意思吗？

（明白。）

给予绝对是幸福。但我们在给予的时候，恰恰还不敢乱给。帮助别人是一种快乐，这个好讲。但是求别人帮助也是个快乐，谁能做到这一点，举举手。

（有人举手）

啊，有几个天才嘛。

在一定的限度内，用适当的方法求别人帮助，是对对方的最大信任，

也能获得对方的最大信任。我走进校园了，或者任何一个人走进校园，遇到一些同学，你跟他没关系，可是你现在要向他问路，而且有件急事要向他打听，当你求他帮助时，那一瞬间，如果他乐意帮助你，你们的关系一下就亲近了。虽然是陌生人，却建立了一瞬间的友情。这个友情建立在你求他帮助上，这个帮助是对方力所能及的，不是不堪重负的，不是额外支出的，而且这种方式是得体的。

小小的事例包含着基本的哲理。

所以，用适当的方式在一定的限度内求别人帮助，是对对方表示信任，同时也获得对方的信任。你是女孩，你会随便向一个你看来像坏蛋的人问路吗？不会，因为你不信任他。一个女孩雨天站在屋檐下避雨，一个男孩打着伞过来，女孩说，你能让我搭你一段雨伞吗？你信任他才能说这样的话，而对方因为你信任他，他才会产生亲切感。不但送你到目的地，也许还会对你产生特殊的亲切感呢。

（热烈鼓掌）

这是小小的例子。相反，如果你在马路上遇到一个人，你上去说，我想买一件毛衣，向你借一千块钱，合适吗？显然不合适，因为超出了限度。

限度不仅因事而宜，还因人而宜，因方法而宜。

也许你用这样的态度，你不能获得别人的帮助。但是你用另外一个态度，就能获得帮助。这个人完全不认识，你告诉他，我在搞一个科研项目，为了搞这个科研项目，我已经家破人亡。我把我的身份证、工作证全部拿出来，把我的全部资料给你。你是今天遇到的第一个我觉得可以帮助我的人，我希望你能够帮助我。

也许对方突然发生观念的变化。这是方式的问题。所以，限度、方式是非常重要的,要掌握这个尺度。在这个世界上,其实不是我帮助人,就是人帮助我。如果没有这两条,人和人之间很多具体的联系都没有。

我信任你,是帮助你;我安慰你,也是帮助你;我向你诉说,得到你的倾听,是你对我的帮助。各种各样的帮助。把帮助他人和求他人帮助当做快乐,做这件事的时候没有心理障碍,非常重要。

这是一个作业。

排除文化亢卑意识的压迫

第八个作业,作为社会行为方式,做与不做可以自由选择,那就是排除文化亢卑意识的压迫,希望大家在实践中用行动来体现。

最好是同学们身上钱不多,也可以男同学和女同学在一起,看到一个非常豪华的酒店,走进去看一看。坐下来看看菜单,觉得自己吃不妥当,大大方方出来。

明白我的意思吗?

这个世界上没有什么亢卑之分,这是文化造成的畸形反应。我们心理上要抵抗这种反应,要调整自己。我们并不需要受任何东西的压迫,包括金钱、豪华、地位,这些压迫我们都要慢慢排除。

建立不亢不卑的心态,要从行为上入手。

如果一个男孩和一个女孩一起走进一家饭店,一共带了几十块钱。饭店很豪华,进去以后,小姐上来招呼,几位?说,两位。小姐问,您用什么?你说,我先看看菜单可不可以呀?我看看在这儿吃合适不合适?打开看看,觉得不太合适。对不起,我们再选择一个地方。然后大大方方出来。能做到这样,最好。

你们能做到吗？

（能。）

能做到吗？

（能！）

（热烈鼓掌）

这里有一个心理规律，因为文化亢卑意识的压迫任何人都不可以避免，在这里，咬牙握拳都无济于事。怎么办呢？很简单，就是要找到一个完整人格的真正的自我优越感，那种真正的自信。我在这个世界上并不比任何人差，我并不贫困，我智商并不低，我地位并不低贱，我和大家都是平平等等的人。这不过是在我生活中需要作的一次选择，商业选择也好，消费选择也好，位置选择也好，工作选择也好，包括爱情选择，都不怯场。

希望你们带着这样的观念重新走进社交场合。

许多人都会发现，舞厅是最能暴露性格缺陷的地方。大家可以去体验，个儿高、个儿矮、漂亮、不漂亮、服装好、服装差、会跳、不会跳、风度好、风度差，都可能影响你在舞厅的感觉。

有的女士从来不敢坐在光明之处，不敢站在显要之处。有的男士向对方伸手是怯懦的，生怕对方拒绝，对方还没摇手呢，他已经把手缩回去了。有的人伸出手向对方邀请的时候，对方拒绝了，他为了掩饰自己被对方拒绝的尴尬，装做若无其事地走过去，似乎没邀请过似的。朋友们，这些心态会影响我们在生活中举止如常，会增加额外支出，会因为怯懦丧失很多机会，会在很多新事物面前故步自封。

所以，要重新设计自己在一切公开场合的形象，让自己感觉好，很自信。

在任何场合展示自己,不论成功还是不成功,都不受干扰。

在舞厅里我邀请你,伸出手时非常平和、大方、潇洒,同时用微笑等待你。如果说她不会跳,没关系,我可以教你。如果她表示要休息一下,那好,我下次再邀请你。

我,一个女孩子坐在舞厅从从容容,我没有自卑感,如果现在接受邀请,甚至接受了很多邀请,我并不清高,不认为比其他女同学优越。很长时间没有人邀请我,我也心态平静,也可能我坐的位置不够显眼。如果说这个女孩不会跳舞,当接到邀请时,站起来千万不要说我不会跳;你可以这样说,你今天一定要带好我。

明白我的意思吗? 带不好是你的责任哦。

(热烈鼓掌)

这些性格自我调整看来是小事,却有可能使你在大事上失之毫厘,差之千里。完全有可能在人生的一个重要选择面前,由于自己性格的怯懦,失去了一个重要的机会。人的机会并不是可以随随便便、无边无际浪费的,随时都要处在一个特别良好的状态之中。

在日记中肯定进步否定缺点

第九个作业,希望每个同学写三个月日记。

每篇日记就这样两句话,一句话,今天有什么事情暴露出我过去的心理缺点,要把这一点去掉,以后不再这样了,要否定它。

然后,一句话,我今天在什么地方有进步。

两句话就可以,写三个月。

一定要开始,一定会有效果,你终生会感谢这三个月的日记。

对自己未来的重新设计

最后一个作业，希望参加交流的朋友每个人给我写一封信。这封信是作业，我都会看，重要的信我都会回。

（长时间热烈地鼓掌）

这些信，我要求大家主要写三个内容。

第一个内容，你的简单情况：姓名、年龄、籍贯、什么专业，最简单的情况，如果有照片请贴一张。

第二个内容，希望你用倾诉的方法讲心里一切想讲的话，包括苦恼，从小的郁闷，或者说你有某种心理障碍，写什么都可以。信我会看，会替你保存好。

倾诉，一定要把心中平常没有机会说的东西、压抑的东西倾泻出来。

第三个内容，对你来讲，是对自己未来的重新设计；对外界来讲，就好像是一个自我推荐。你要讲清楚自己的特长、优势，课内课外的爱好，自己的追求、想象。这是一个自我重新设计、塑造的作业，要把自己设计好。

许多同学提出，希望这两次讲课以后还有更深入的交流，在那个交流中，我们有可能现场解决问题。比如某个同学有心理障碍，现场解决。也可能我们专门解决一个问题，如何使一个人具有创造灵感。

可以做现场实验，我跟大家一块儿做。

同学们可以尝试一下：如何成为一个脱口而出的哲学家；如何在一天的座谈中，使自己成为文学家、诗人；如何在一天的座谈中，使自己的创造思维能够进入非常空灵的状态；如何在一天的座谈中，使自己对古代的禅和生命的关系有正确的理解。

九 重要的是现在的声音、速度和光亮

当我们讲人生六个字"成功、健康、自在"时，"自在"这两个字代表人生的最高境界。

我这里有一本你们大学生办的文学刊物，叫《言心》。文章我都看了，在它的封面上有几句话，字很小，三行，我给大家念一下：

> 我落到哪里并不重要；
>
> 重要的是，
>
> 有过声音、速度和光亮。

从文学上讲，这首诗很好，它表明了年轻人有一种预支的人生忧虑、潇洒、解脱，还包括一点自我安慰，它带有一种人生哲理和宗教情绪，有它言不尽的东西。

但是，如果从自在人生的角度来讲，我可能要把它改几句。

它的第三句说，有过声音、速度和光亮。意思可能是说，现在是什么样子不重要，或者说晚年是什么样子不重要，只要有过就可以了。

但是，从禅的奥秘来讲，什么叫自在，重要的是什么？

不是"有过"，重要的是"现在的声音、速度和光亮"。

讲两个禅的小故事。

一个老太太有两个女儿，一个女儿卖鞋，一个女儿卖伞。老太太经常发愁。下雨的时候，她就牵挂卖鞋的女儿，觉得鞋不好卖，发愁。天晴了，她又牵挂卖伞的女儿，雨伞又不好卖了，又发愁。愁得很疲劳而多病。于是她去请教师父。师父告诉她，解决这个问题的方法很简单，你下雨的时候就想一想卖伞的女儿，伞好卖了，你会为卖伞的女儿而高兴；天晴了，你就想想那个卖鞋的女儿，鞋好卖了，为卖鞋的女儿高兴。

老太太得了这句话，从此以后每天高高兴兴地生活，身体也好了。

朋友们，事情很简单，生活没有任何外在的变化，当我们对生活的观念发生一点变化时，就由悲哀变为幸福。这种思想方法并不要求你自欺欺人，它要求你对待生活有一种新的态度。

在这本刊物中还有一篇文章，叫"永别了，抱怨"。他讲，曾经对所有的环境都不满，都抱怨：抱怨宿舍，抱怨生活，抱怨街道，抱怨社会，抱怨秩序。忽然有一天，他发现这样抱怨是没有必要的。于是乎，不抱怨了。

我从这篇文章说起。

从社会学的角度，我们不应该否定抱怨，因为民众的某种抱怨也可能是社会发展的一个正常压力。有的时候需要民众对某一阶段的社会腐败进行抱怨。作为改革家，要引导人民的抱怨，把这种抱怨变成改变社会的推动力。

这是一个方面。

在一个小范围中，你可以利用自己和同学们对环境的某种抱怨，把它变为改变环境的一种力量。你抱怨楼道很脏，你可以引导校方和通过自己的努力把这个楼道弄干净，只此而已。

另一方面，要把那些使你产生抱怨的环境因素变成训练自己心理素质的素材。

再讲一个禅的故事。

一个人被老虎追赶，爬上悬崖绝壁的一根枯藤，老虎在下面咆哮，他紧紧地抓住枯藤，不敢松手。在万分紧急的时刻他抬起头，看见悬崖上面有一只老鼠正在啃这根枯藤，已经啃了一大半，很快就会啃断。一旦啃断，人掉下去就会被老虎吃掉了。

这时，他突然发现眼前的绝壁上有一颗鲜艳的草莓，他忘了下面的老虎，忘了上面的老鼠，摘下那颗草莓放在嘴里。这一瞬间，他达到了永恒的快乐。

希望朋友们体会这个故事所包含的生活的真理。

也许用不了多久，藤子就被老鼠咬断了，藤子咬断之后，他掉下去就可能被老虎吃掉。然而，你只面对两种情况。一种，就是当藤子断裂之后，你面对老虎，和老虎作战，把老虎打死。那么，在藤子未断之前的这段时间，你苦恼发愁都是额外支出。

在生活中也是这样，人们常常被一些额外的、不必要的心理压力所困扰。

人生要成功吗？要成功。

只成功可以吗？只成功不可以，还要健康。

有了成功、健康，可以吗？还没有达到最好的状态，要自在。

当我今天来讲演时，可能我也考虑要把它讲好，我会把讲好作为努力的方向，这是我的一个成功原则。但是，我在讲演中始终能够处在很好的状态，是由于我不怕失败。我就凭这种素质获得了一点自在。

因为不怕失败，结果反而少失败。

大家明白我的意思吗？

（明白！）

（热烈鼓掌）

为什么怕失败？

是虚荣心，和大学生的对立情绪。没有这些怕什么？

如果这些人是你的朋友，他们欢迎你或不欢迎你，对你满意或不满意，本来是自然的事情。你的话讲完了，他们理解到什么程度就是什么程度。你不是说过，要把帮助别人和求别人帮助当做快乐吗？今天我来这里，既是帮助同学们，也是让同学们帮助我。我把自己体验到的东西告诉同学们，我在帮助同学们；同学们理解我，欣赏我了，这是对我的支持和帮助。

这个世界就这样快乐，我们为什么不快乐呢？

（长时间热烈的掌声）

为了大家记得比较清楚，我把刚才十条作业的标题重复一遍。

一、深入体验自己设计好的角色。

二、熟背原则体系。每天早晨想一下，每个活动之前想一下。

三、把有关自己最重要的某一条写在纸上，贴在墙上，或写在笔记本的首页。

四、重新确立自己的三句常用口头语：宽慰、勉励别人的；宽慰、勉励自己的和一句解嘲的话。

五、重新审视、设计自己的走相。用新的走相每日走一段路。

六、重新审视、设计自己的发型、服饰。

七、改变自己的社会行为方式，把帮助他人和求他人帮助当做快乐的事情。

八、排除文化亢卑意识的压迫。

九、写三个月日记。每天两句话,第一句,自己暴露出什么不好的心理素质,否定它;第二句,有什么进步,肯定它。

十、写一封信,说明自己的姓名、年龄,简单情况;倾诉、表达自己的各种想法;重新设计自己,写成一个对一切场合都适用的自我推荐书。

最后,请朋友们跟我一起再重复八句话,希望大家用一种真正觉得自己能够做到的感觉来重复它,而不是敷衍自己。自己对自己宣誓,要做到这样,就有可能做到这样。

我要做这样的人:

自信积极;

微笑乐观;

满不在乎;

轻松自在;

不亢不卑;

宽仁博爱;

敢说敢做;

拿得起放得下;

我一定可以成功;

我的人生一定会成功、健康、自在。

好,谢谢大家。

(长时间热烈的掌声)

十 罗森塔尔效应
与自信心体系的建设

　　很高兴有这样的机会和同学们交谈,真正信赖,互相帮助。如果同学们未来能够成为生活中的强者,我将是非常高兴的。

　　我曾经讲到,幸福完整的人生用比较简练的话讲,应该是六个字:成功、健康、自在。我们也讲了,对待自己的人生有一个基本信念,就是每个人都可以重新塑造自己。

　　我们也讲了如何放下自己的心理障碍,重新塑造完整、健康的人格,讲了这些理论基础和实施的方式。

　　有的同学来信,他们已经开始按照上次的作业进行实践,结果发现很有收效。

　　这些信写得非常诚恳,非常积极,我看了很受启发,也很高兴。

　　还有的同学来信讲到自己具体的心理障碍、弱点或者缺陷,每个人都提出比较具体的问题。有的同学讲,老师讲得很好,但是我还有特别具体的人生问题,比如说自己面临毕业以后干什么的问题;有的进修的自费生也面临毕业以后怎么抉择的问题;有的人同时在作两种人生抉择,两种努力,不知道该偏重哪个方面;还有的人遇到了感情上的折磨,存在一个如何排除干扰的问题。

当我们经过两次交流和参与，现在更加深入地解决自己的人生问题时，可以谈得更具体、更真切一些。

罗森塔尔效应

我能告诉大家的第一句话是，希望朋友们一定要重视自信心这个体系的建设，这是最最重要的人生自我建设，是人生的根本问题。

大家不知道听说过没有，心理学有一个术语叫"罗森塔尔效应"。哈佛大学心理学教授罗森塔尔曾经做过一个实验。他把一群小老鼠一分为二，把其中的一小群——A 群交给一个实验员，说这群老鼠属于特别聪明的一类，让你来训练；他把另一群老鼠——B 群交给另一名实验员，告诉他这是智力普通的一群。

两个实验员分别对这两群老鼠进行训练。

一段时间以后，对这两群老鼠进行测试。测试的方法就是让老鼠穿越迷宫。大家都知道迷宫吧？走到这个地方是死胡同，退出来，走到那个地方是死胡同，退出来，最后反正总能走出去。很多公园里都有迷宫游戏，人可以在迷宫中训练自己的反应。老鼠也可以用迷宫进行训练，因为对于老鼠来说，走出去就有食物，就有自由的空间。但是在走出去的过程中，它必须经常碰壁，它要有一定的记忆，一定的智力，通过一定阶段的训练，聪明的老鼠可能先走出去。

实验的结果发现：A 群老鼠比 B 群老鼠聪明得多，都先走出去了。

针对这个结果，罗森塔尔教授指出，他对两群老鼠最初的分组是随机的。他根本不知道哪个老鼠更聪明，只是把老鼠任意分成两群。把其

中一群说成是聪明的,给了第一个实验员;把另一群说成是普通的,给了另一个实验员。

当实验员认为这群老鼠特别聪明时,他就用对待聪明老鼠的方法进行训练。结果,这些老鼠真成了聪明的老鼠;反之,那些被认为不聪明的老鼠,用对待不聪明老鼠的训练方法,也就真成了不聪明的老鼠了。

这个实验的结果非常深刻。

罗森塔尔教授又把这个实验扩展到人。他将花名册上的学生挑出一些,然后告诉老师这几个学生是特别聪明的,老师就对这几名学生有了印象。经过一段时间的学习培训,发现这些学生的学习确实比其他学生更优异,表现更聪明。

面对这个结果,罗森塔尔教授却说,他是在花名册上随意勾画的,他对学生的情况一无所知,这组学生的挑选是随机的。

现代教育学界、心理学界对这个现象有一个简单的总结,即当你把培养的对象当做聪明的老鼠或者聪明的学生来对待时,你就可能用训练聪明老鼠和聪明学生的方法,设计一套学习、教育、训练的方针,于是,你的训练对象确实会变得比较聪明。

我认为还可以更系统地说明原因。

大家一定会注意到,当有人说这个人特别聪明时,你就会特别留意他有没有聪明的表现,是这样吧? 就好像说那个人是小偷,你一定会注意他有没有偷东西的表现一样。这叫"有心"。当我们把这一群老鼠或这一组学生说成是聪明的,并且把它们作为聪明者来对待时,首先就特别善于发现这些老鼠和这些人的聪明之处,这是第一。

第二,因为认为这些同学聪明,就不仅能够发现这些人的聪明之处,还特别注意欣赏他们的聪明之处。哟,他真聪明,人们经常这样欣赏。

因为知道他们聪明，相信他们聪明，人们不仅欣赏，肯定会经常注意去夸奖他们的聪明。

第三，不仅夸奖他们的聪明，而且当这些被认为聪明的学生有时表现得不太聪明时，人们会原谅他，认为是偶有失误。他本质上是聪明的，只是这次表现得不太聪明。所以人们能够原谅他的不聪明，并为了不由于失误造成沮丧而给予精神上的鼓励。

第四，人们不仅能够鼓励他们的聪明，而且充分运用他们的聪明，常常会给他们一些较难的、要表现聪明的课题来做。

第五，人们不仅能够使用他们的聪明，而且还要对这个聪明的结构加以调动、开发和培养。人们就会设计一整套对待聪明学生的课程、教育、方针、计划。这一整套对待聪明学生的态度，结果就会造成这些学生的智力有比较快的发展。

第六，还有一个特别重要的效应。一个老师认定你聪明，对你每一个聪明的地方都发现，都欣赏，都夸奖，都鼓励，都利用，都调动，都开发，于是，这个学生也就意识到自己聪明了。老师的一整套态度又使得孩子建立了聪明的自信心。

外因和内因结合了，这个学生就变得确实聪明起来。

罗森塔尔效应与马太效应

按照我的研究，罗森塔尔效应还可以和"马太效应"相联系。所谓马太效应，是借用《圣经》中的一句话：富有的还要给予；没有的还要剥夺。

现代经济、政治生活经常把这句话概括为"马太效应"，越有的就越有，越没有的就越没有。要不就是良性循环，要不就是恶性循环。

举个例子,就经济发展而言,沿海地区经济发展有有利条件,于是,就可能有更多的资金投入那个地方;越投入就越具备经济发展的优势;所以沿海地区就越来越发展。而非沿海地区相对会越来越落后。

经济的集约化发展本身是一种马太效应。

除非国家经济干预、计划调整,否则肯定是这样一个规律。

又比如做生意,你的生意做成了,就有比较广泛的活动范围和活动机会,你今后有可能更成功。你更大的成功,就意味着更多的机会。这又是个马太效应。

再给大家举个例子,中国文学刊物的发展是个典型的马太效应。

因为《收获》《当代》《十月》是名牌刊物,发行量大,所以,名家都愿意给他们写稿,我也一样,这是一个作家很自然的取向。因为给这些刊物写稿,作品的社会影响大。而名家都给它们写稿,刊物就会发行得更好,更成为名牌刊物;而越成为名牌刊物,名家就越给它写稿,优秀的稿件就越集中向它。这也是个马太效应。如果刊物办得不好,都不愿意给它们写稿;好的稿子少了,就不容易办好;越办不好,就越不容易约到好的稿子。

那么,马太效应在人的成长上也是一样存在的。

老师认定这个学生聪明,用聪明的方法来培养他,他越聪明;他越聪明,老师就越会下工夫培养他,尤其用更聪明的方法来对待他,他就越聪明;而且他自己也会感觉越来越聪明。老师认为你不聪明,用不聪明的方法对待你;你呢,也就觉得自己不聪明,于是乎就越来越不聪明;你越不聪明,老师就越会认为你不聪明。

大家记住,在人生的问题上如何开始非常重要。

这是马太效应——越有越有;越没有越没有。

对自己实施罗森塔尔效应

那么，罗森塔尔效应如何应用在我们对待自己的态度上？

因为我确信自己是聪明的，我有这个自信，于是，我就能够代替老师发现自己的聪明之处，欣赏自己的聪明之处，夸奖自己的聪明之处。当我偶有失误，做得不够聪明的时候，原谅自己的过失，鼓励自己的聪明之处。力求在行为中、生活中运用自己的聪明，调动自己的聪明，并且为自己的聪明设计一整套开发、培养的计划。要用这种深刻的信念，坚定的信念，使得周围人也受到感染，都觉得我聪明。

比如我和你们交流，我肯定能够把这个心理学问题讲得非常清楚。当我这种自信的态度一出来时，大家就会受到我自信心的影响，肯定是这样的。

任何一个范围的组织者，哪怕是一个学生会、一份期刊，任何一个活动的组织者，当他表明自己的自信时，会影响别人对他的态度。当别人一旦相信他的组织能力和指挥能力时，他就有了更好的指挥条件。因为对任何一个指挥者而言，被指挥者的信任是指挥者指挥好的条件。只有你自信了，才能调动环境对你的信任。

重建自信，横扫一切自卑情结

如何建立真正的自信？这种自信不仅能够不断发现自己各方面的优长之处，而且使得周围环境也对你有这方面的相信；反过来，环境的相信又烘托你的心理，使得你能够在这方面越来越发展。所以，同学们一

定要根据自己的条件,横扫身上的一切自卑情结。这是非常重要的。

任何人都有自卑情结,不会没有,包括任何一个伟大的人都有自卑情结。

如何对待自卑情结,是成功者和不成功者、人生完整者和不完整者的区别。

自卑情结有时可以转化为巨大的动力,有时可能转化为巨大的消极因素。

关键看你如何对待它。这种转化就是把自卑转化为自信。

我们中有这样的同学,因为我从小在农村生活,或在县城生活,刚踏入北京时,对现代化生活一方面很兴奋,很喜悦,打开了眼界;另一方面相对于大城市长大的孩子,难免有这样那样的自卑心理。

那么很简单,因为我从小在农村生活,一方面我上过树,下过池塘,我有过更加原始的、不被现代化包围的生命锻炼,这是我的优长之处。而且因为贫困,也可能我从小经历比较坎坷,因此一切要靠自己努力,这就是我的自信。对不对?

要找到这种自信的感觉。因为生活条件、经济条件差一些,在我踏入社会时,肯定是有自卑情结的。但观念一转变,自卑就变成自信了。我从小不是在优越的条件中长大,靠自己打天下,谋身立命,创建生活。这是一个多么骄傲的品格。当你有了成功的人生时,这是你值得回顾的一个人生意味。

如果你有点心理障碍,有点缺陷,我告诉你,不必自卑。

当你战胜了这些心理障碍,你肯定比别人富有。为什么呢?你对心理的体验能力绝对要比同龄人更深刻,你有了解自己心理和了解他人心理的能力。

人是有各种自卑情结的，无论你长得好看或不好看都能产生自卑。长得魁梧，长得矮小，都可能产生自卑。个子矮，马克思不高哇，列宁也很矮呀，邓小平也不高，拿破仑也不高嘛，个子不高的人很多。所以，任何东西都不应该成为自卑的情结。

如果你是女性，有没有必要在男性面前自卑呢？没必要。从心理学的角度讲，任何女性从小都有一种对男性的羡慕或者一种女性的自卑情结，有的时候会转化为与男子对抗型心理。这种自卑情结没有必要，这个世界就是有男有女，你可能有很多优越感呢。

还有，作为中国人会不会有自卑情结呀？我看现在有些中国人就有自卑情结，其实没有必要。既不要妄自尊大，又不要自卑，要不亢不卑。要找到中国人真正值得自信的那些优越之处。既不拿那些愚昧落后的东西当做国宝，同时又发现自己真正值得骄傲的东西。

自卑常常是毫无道理的。

多少年前，世界上说中国这个不行那个不行，其中有一个观点就是中国的文字不行。中国的汉字没法输入电脑，速度太慢了。只有一个拼音方法，速度非常慢。于是乎，全世界的电脑专家都说，汉字输入不能和电子计算机接轨。仅此一条就说明中国的语言文字是影响现代化的，语言文字甚至可能对现代化是个障碍。可是从五笔字型开始，有了一系列输入技术的发明，现在汉字的输入速度世界第一呀。这就可以自信了，我们第一了，这不很自信吗？所以，问题在转换。

又比如有的同学觉得自己阅历少，可能也自卑，觉得没见过这个，没见过那个。那我还说呢，你可能为自己的年轻自卑吗？年轻大可不必自卑，年轻是个骄傲。阅历少是年轻的表现之一，一切都是新鲜的。

应该找到自信的感觉。

所以,我今天想重申一点,希望大家更好地铸造自信的感觉。

这一点特别重要。

有一吹一,有二吹二

在铸造自信的感觉时,有三个方法是特别行之有效的。

第一,对自己要经常地、始终不断地实行肯定的方针。对自己的每一个长处、进步都要肯定。

第二,要敢于把自己肯定的东西表达出来。

给大家说句笑话,什么叫实事求是呢? 在讲到自己优点的时候,叫"有一吹一,有二吹二"。你看周围很多成功的人,搞经济的、搞政治的、搞文化的、做生意的,其实每个能干的人都有"吹"的本事。

不要把这当成笑话,要深刻体验这里的奥妙。他就是因为自信才滔滔不绝地表达自己的东西;在表达的过程中又感染了别人,使别人相信他,他越发建造了自己的自信;所以,"吹"的权力是个幸福的权力。

听懂了吗?

"有一吹一,有二吹二",你没有东西硬吹当然不合适了。要善于表达。天下有很多东西表达出来才能确立。大家一定会有这种感觉,你的思想原来不太清楚,当你在写作的过程中,在讲述的过程中,它就清楚了,甚至发展了。

我们的才能都在表达中确立和发展。

人是有语言的生物,当你不善于用语言表达时,你的任何才华都不能确立和发展。真希望大家在发现自己有任何长处、有任何先见之明、有任何高人一筹的见解时,能善于表达。

第三个方法很简单,要敢于大声讲话。

凡是在生活中自信感不强的,在行为中的一个集中体现,就是在大声说话这点上有盲区。如果你只敢在爸爸妈妈面前大声说话,一出了家门就不敢大声说话,这个盲区就很大了。如果只敢对自己亲近的人大声说话,到了稍微陌生点的人中间不敢大声说话,这个盲区还不小。

在所有的场合,需要大声说话的时候你都敢大声说话。有的时候不需要,公共场合你大声说话影响别人,你可以小声。不是我不能,是我觉得现在不合适。

这个原则非常重要。

如果现场中谁有这样的行为障碍、心理障碍,咱们当场就练一练。练习大声讲话,这样玩一玩儿,把问题就解决了,不要那么古板。

其实人生有些东西并不复杂,就像中国的汉字输入,解决了世界第一,解决不了世界倒数第一,就这么简单。也许你这个人本来可以是全世界第一的,就是因为有各种障碍,你成为倒数第一。

大家要找到这个方法。

今天在座的人,我认定都是聪明的小老鼠,是一群聪明的学生。

(热烈鼓掌)

你们想一想,在一个现代化的社会生活中,在这样一个有一定压力的紧张的学习环境中,你们能够坐在这里,带着非常愉悦的心情,微笑的面孔,来探讨人生心理重建和未来如何成为强者,表明你们有高人一等之处。

我认定你们是优秀者,而且只要你们在今天有这个认定,这句话绝对不是空洞之言。也许你们以后在人生中的某些关口还有些问题要跟我商量,还感觉不那么顺利,但是你们今天一定要有这种认定,自己是个聪明的小老鼠。

十一 更深刻地了解和理解自己

深刻了解自己是了解他人和社会的前提

人生怎样过得更好？除了自信心体系的建设以外，要更深刻地了解和理解自己。

在这个世界上，一个人的聪明很重要地体现在对自己的了解上。

一般来说，对自己没有深刻理解的人，对他人不会有深刻的理解。这是一个绝对的公式。也就是说，深刻理解自己是深刻理解他人的前提。

请体验一下，为什么有时候你能够判断别人的心理呀？如果自己没有一点点类似的心理、体验，能判断吗？

有的人抬杠说，我没有偷过东西，可是我能够了解小偷的心理，我知道他为什么做贼心虚。我说，你没有偷过东西是吧？你小时候偷偷拿过爸爸妈妈的东西没有？你爸爸妈妈不让你出去玩儿，你偷偷溜出去过没有？

虽然从法律上和财产关系上讲你没有偷过东西，可是你背着爸爸妈妈偷偷拿过家里的东西，你背着爸爸妈妈偷偷溜出去玩过。爸爸妈妈让你睡觉，你把头藏在被子里玩儿。那么，这种人生体验会使一个人过渡到对他人偷窃心理的理解。

举这个生动的例子是想告诉大家，深刻地了解和理解自己，是了解他人和了解社会的一个重要出发点。深刻地了解和理解自己，有助于调整、开发自己。

这是一个非常重要的智慧。

审视自己的各种心理反应

如何深刻地了解和理解自己呢？

人是这样一种动物，当你把自己的心理在语言和思维上审视以后，才能称之为了解和理解。比如说你今天突然很高兴，但是你没有用审视的眼光想一想，我为什么高兴？你就不知道原因是什么。今天我情绪特别不好，这个不好我感觉到了，但是没有从思维和语言上审视一下，情绪为什么不好，来源于什么事情？你对情绪不好依然是不知道的。今天你突然觉得轻松了，可是你一定要从语言上来个独白：我为什么这么轻松啊？见到小孩想摸摸他的头。一想，噢，是因为这个事情，这个事情引发了我这种情绪。

不经过语言和思维的审视，对自己就缺乏了解。

所以，了解自己一个最最重要的手法，就是审视，对自己的各种感觉变化、感情变化、心态变化进行审视，进行一个思维过程。

我们在世界上的反应，一个人对环境的反应，其实就是两大类。一个叫做理性反应，逻辑判断思维，比如现在出道数学题让你去做，你的反应就是怎么做这个题，它是个理性逻辑的反应。或者现在给你一段英语，让你翻译成中文，你要动脑子，回忆，语言组合等，这是个理性的反应。还有一种反应，遇到一件事情，你高兴、生气、苦恼、快乐、紧张、轻松、爱和憎，这些情绪、情感属于非理性反应，或者说我们通称的非理性心理反应。

我们对生活的很多反应是这两者综合在一起的。

比如我现在要决定毕业以后考研还是不考研，留北京还是去外地。回老家，是个保险和保守的方针；留在北京，是个冒险和创造的方针。不面临抉择吗？这里既有理性的东西，还有感情和情绪的东西。那么，扩展开来，再大的反应属于社会的反应，政治的反应，道德的反应，伦理的反应，审美的反应，人生哲学的反应。

还包括我们通常涉及到其他重大问题，大都属于综合反应。

在遇到道德问题时，既有道德理性上的是非判断，我该不该这样，同时有道德情感的制约。比如对待宗教问题，既有理性的对宗教的判断，还有潜在的宗教情绪的感染和影响。

在涉及社会重大问题的判断时，既有理性的思维——这是属于改革，这是属于开放，这是属于落后，这是属于愚昧——这是理性判断，还有感性判断，对这件事情厌恶，对这件事情喜欢。对重大问题的反应往往是理性、感觉综合而来的。

每个人都不妨对自己的这些反应审视一下。

审视之后再把自己形成这些反应从小的家庭经历、个人环境也分析一下，并且把这些反应的文化背景、大的文化原因分析一下，这对于了解自己是非常必要的。

与自己对话

深刻了解自己的第二个手法，可以叫做"与自己对话"。

一个高三学生慢慢进入高考阶段，可是他不知道自己要学什么。他的文科、理科都不错，都比较喜欢，没有特别偏重哪一门。但在考大学的方向选择时，他来请教我。虽然我很了解他，但是我不能随随便便给他出建议。因为他喜欢干什么，适合干什么，是个非常微妙的问题。我的态度是什么呢？首先，我把大学有关我所能想得起来的专业一个一个说了一遍，让他先感觉一下对它们真实的态度。

我说，医学你感兴趣吗？

他说，不感兴趣。

我说，地理你行吗？

他说，我不想学。

我说，金融呢？

他说，可以考虑。

我说，生物呢？

他说，还是不行。

我又说，计算机呢？

他说，这个可以考虑。

我就一直问下去。

这是一种完全放松的态度。他只凭自己的真心感觉，喜欢或不喜欢，能学或不能学，没有别的考虑。对我问话所回答的每一个用语，都是当时真实的感觉。可以，或者不可以，或者可以考虑，或者这个我不知道。他的回答是各种各样的，不同分寸的。把他所有的回答，我按照最肯定的到最否定的顺序几十种排下来，大概就看出了他的真正兴趣、爱好和能力的指向。

如果我不这样对待他，因为我是长辈，因为我自认为比他有经验，于是给他提供很多建议，结果反而会干扰他自己的选择和判断。

朋友们，这种问答的方式也可以对自己进行。

在遇到一切有关人生，不管是学习、工作、爱情、社交等方方面面问题时，都可以用对自己问和答的方式来判断自己真实的感觉。

第一，对重大问题其实不妨多问一问自己。

回家拿一张纸，在纸上问问自己：比如我的人生追求是什么？每个人都会说一句特别符合自己感觉的话。我有没有人生终极目标？如果有，是什么？再问一下，我的幸福观是什么？不要受报纸上的文章、小册子和书的影响，就是自己想，我的幸福观是什么，怎样才感觉幸福？

要从潜意识深处把那句话找出来。

我的爱情观是什么？你有自己的爱情观，但你可能没有问过自己。我的幸福观是什么？想一下，肯定能在纸上写出一句完全属于自己的话。

往下，包括对社会的社会观，对历史的历史观，政治观，伦理观，道德观，审美观，社交观，家庭观，事业观，每个人都有属于自己的独特语言。

要用你的语言来说。也可能有些人的幸福观就是几个字：事业加爱情。他说得很抽象、很简单。但是有的人对幸福有另外的理解，就是终生能够找到一个自由对话、相互理解的朋友。他可能说这么一句话。

那么，再往下你就问自己，你现在的兴趣有哪几个？你写几个，按一、二、三写。你的爱好有几个？你内心最大的矛盾、冲突是什么？最大的忧虑是什么？都可以用自我提问的方法来了解自己。

遇到事情一定要用这种方法找到解决问题的方案。

感情方面的问题困扰着你，你可以写下来，我爱不爱他？我爱他是因为什么？不爱他是因为什么？我现在的矛盾和冲突是什么？我这些矛盾、冲突的心理背景、文化背景是什么？我为什么苦恼？

有了对自己的审视，有了对问题的回答，你对自己就有了更深刻的了解和理解。

十二 经常性地心理剖析

凡是确有这样或那样的心理障碍和心理弱点的人,除了前面讲到的倾诉的方法、脱敏的方法、自我分析的方法、放松法和行为法以外,今天主要给大家三点建议:

第一,学会经常性地对自己进行心理剖析,什么事一经剖析清楚,心理情结去掉一半。

第二,从现在开始用行为的方法对自己进行调整。

第三,在调整、剖析的同时,对自己身上的有些心理障碍和心理缺陷要不以为意。不要把注意力都放在解决自己的弱点上。太执着于解决问题,不是解决问题的好办法。

有的同学提的问题很具体,比如一讲话就脸红成为困扰自己的问题。

首先,从今天开始对这个问题不要太在意。脸红点也没什么,不是也挺好看吗?没有人太注意你,是你自己有时候太注意自己,太琢磨自己。就好像你身体有点不舒服,你太注意去照顾它,这个地方反而成为固定下来的病灶了。

该治疗就治疗,该不注意的时候就不注意。

所以,对于心理障碍,一个是注意剖析自己,分析,放下;同时在行为中锻炼。不敢大声说话的要大声说话,要用最大的音量说话。哪一天看

见马路上秩序很乱,你站出来大声地维持秩序,以此训练自己。

不但要解决这种心理障碍,而且在这方面要变得比一般人出色得多。

为什么不敢大声说话呀?每个人的声带都长得差不多,完全是个心理障碍。要敢于行为调整。身体有点不舒服,要不以为意。

如果一天到晚去查,没准儿会查出点儿病来。

十三 最佳人生状态

希望大家一定进入最佳的人生状态。即使是心理很健康的人，也要经常在生活中进行各种微调，使自己进入最佳的状态。

最佳状态是这样的，一方面，人不可以没有人生的终极目标。如果说完全放下来，完全空白，连古代的禅都不主张。完全没有心思，没有思想，是石头。完全没有人生的考虑，没有人生的终极目标，不是活生生的人。所以，应该有人生的终极目标，有一个大的愿望，甚至很宏大、很伟大的愿望，同时又不要在细节上太执着。

现在不是老有人讲执着地追求吗？我不喜欢"执着"这两个字。执着容易让人感觉死板。不要太拘泥。有了大的人生宏愿，其他东西都要放得下。包括现在的人有很多累，我觉得人的绝大部分累，从社会生活的角度讲是多余的。

人的大多数支出属于额外支出。要善于放下这些额外支出。

我经常给一些朋友举例子，到火车站买票，前边有很多人在排队，你站在后边，排队要等两个小时，你很矛盾，想到前边插队又没有勇气，就这么排着又很烦躁，不心甘情愿。这两小时一直在自我折磨之中。

人生经常就是这样愚蠢的。

你的自我折磨有什么用啊？没用啊。要不你大大方方到前边插队，你跟前边的人讲好，我为什么要急着买车票，我有什么处境，我有什么难

处,希望你们谅解,大大方方把票买回来。要不你就安心排队,反正得两个小时,我该看书看书,该唱歌唱歌,该聊天聊天。你这两个小时的额外支出消耗了大量精力,而且一点不解决问题。

你们有很多苦恼也是这样,不解决问题地折磨自己,何必呢?

坐汽车着急,怕赶不到预定地点。你着急也是那个时间到,不着急还是那个时间到。因为你已经上了这辆车了,着急有什么用啊,这不是一种额外支出吗?

额外支出把一个人所有的创造积极性全扼杀了。

有的人为什么能够做比较多的事情呢?很重要的一个艺术,就是把额外支出压缩到近乎零的状态。今天我到大学讲课,要不要有点准备呀?要有点准备。明天白天我要到电台做节目,要不要做点准备呀?要有点准备。后天晚上我要到另一所大学讲课,要不要有点准备呀?要有点准备。一系列活动排在前面,事情都要做。

一个人如果把大多数精力都放在额外支出中,有什么用?没用。

该做就做,不做就不想。一定要找到这种好感觉。

记得一个同学提出一个问题,说他的人生现在有两个选择:一个保守一点,保险一点;一个大胆一点,冒险一点。按照我的感觉,我认为他所说的那个冒险,其实一点风险都没有。这么年轻的学生一点大胆的创造性都没有,是非常可悲的。

目前中国有几位很出色的企业家,他们之所以能成为大实业家,是因为命运逼迫。一位企业家早年丢了工作,为什么呢?因为他倒卖了十块电子表,结果被开除公职了,只好去练摊儿。现在他成为大企业家。那么我说,当时如果他不被开除就麻烦了。

不要怕人生冒险。

　　我看到一则消息,美国一个七岁的女孩驾飞机横穿北美洲,她要成为最年轻的飞越北美洲的飞行员。由于没有调查清楚的原因,飞机失事了,她及父亲、教练全部遇难了。

　　事后她的母亲讲了一番话,总的精神就是我不后悔。这是女儿的志愿,她做了自己想做的事情。我想,她的全家肯定会为女儿的飞行做过详细的准备,教练、父亲都在飞机上。但是人生有很多难以预测的情况。这位母亲说,如果只从安全出发,那我女儿最好连家门也不要出,连自行车也不要骑。是不是这样?普普通通的生活中都会有某种所谓不安全因素的。

　　我并不是鼓励大家都去开飞机,我只是说这种精神很好。

　　我们许多人对人生的那种所谓探索、冒险与七岁女孩开飞机比差远了,没有可比性。为什么不可以闯一闯呢?我鼓励大家闯一闯。

十四 应对人生的五个方针

有同学们向我提出了一些特别具体的人生问题。那么，当你遇到一时抉择不下的问题时，我给大家如下五个方针，作为参考。

第一个方针我刚才讲过，请你自己问自己。

拿一张纸，用与此相关的判断问问自己，作这个选择为什么？作那个选择为什么？矛盾是什么？利弊是什么？影响我作出抉择的背景原因是什么？分析一下，如果找到了真实的感觉，这个感觉就是你的答案。

第二个方针，把最后的抉择权留给自己。

有时之所以形不成抉择，是因为条件还不成熟，把握的经验还不全面。这时如果还有一个时间段，没到最后非作抉择的时刻，可以模糊一段，维持现状一段，等一段。也许今天看来难以抉择的事情，在明天就是自然而然可以抉择的。就好像写小说一样，我是先写这个还是先写那个，常常在一时是抉择不下来的，但是到了明天看来是很清楚的，哦，肯定是写这个。

第三个方针，深入情况。

坐在这儿空想解决不了，是因为对抉择涉及的矛盾几个方面了解得还不够。如果对情况不太了解，就要问问自己到底应该怎么办？与其逼着自己下决心，不如把情况再了解一下，深入了解矛盾的几个方面。

第四个方针，放开眼界。

一个问题往往在原有的范围内考虑是解决不了的。当把它放在一个大的范围内考虑时,可能问题就是清楚的。就好像说,当我只面对两个人时,我说,这里边得找一个我最信任的朋友。他是否值得我信任,也许我下不了决心。可是放在一个大范围内,也可能你对他的优点看得很清楚了,或者你对他的缺点看得很清楚了,因为有个大范围的比较和选择,你就好选择了。要放开眼界。

第五个方针,要转换思路,中断思路,把你考虑的问题放下来,做点这个抉择课题以外的事情,不要老在想这个事情。

有的时候就是这样,一样东西找不到了,硬找怎么也找不到,突然你灵机一动,找到了。好多问题的解决方案也是一样,一时解决不了,不要硬解决,放一放干点别的,该睡觉睡觉,该玩就玩,该做别的做别的。

到时候有了感觉,问题一下就解决了。

应对人生,遇到解决不了的问题,希望大家用这五个方针。

附 讲演现场答问

（在大学的三次讲演结束之后，作者现场回答了部分同学的提问）

问：柯先生，您从一名作家到研究生命科学，到研究教育心理，涉及各个领域，作为一名非专业研究的作家，您对自己现在所作的研究是否过于自信了？

答：首先，我是不是过于自信了？

我觉得现在对大家讲话，符合我刚才讲的一个原则，叫做"有一吹一，有二吹二"。讲到我的研究，那么我和同学们可以这样沟通一下。我爱好比较广泛，第一个爱好是属于哲学性的；第二个爱好属于艺术性的；第三个爱好属于科学性的。也就是说，对于哲学、科学和艺术这三大部类可能有几十个学科，我都比较有兴趣，而且作过多年的研究。

那么，作为一个作家，前段时间在研究生命科学方面的问题，可能有些同学也有一定的了解。研究教育对我来讲，并不是一个陌生的问题，我是把它作为研究文化的一部分来进行的。

我的初衷可以告诉大家，从去年开始我一直在研究文化问题，而且希望在不长的时间之后，能够在文化学方面出一部专著，来表达我在这一领域的独立见解。就是在研究文化的过程中，我发现，目前中国有三种观点或三种倾向是我不很认可的：

第一种文化倾向,就是站在昨天的立场上,用 20 世纪 50 年代、60 年代道德怀旧的情绪来看待今天的生活,我不认可。

第二种文化倾向,是对现代商品经济和商品经济带来的一整套市场文化的完全认同、沾沾自喜、洋洋自得的倾向,我不认可。

虽然目前商品经济发展和带来的市场大众文化,相对于 20 世纪 70 年代、60 年代、50 年代是一种进步,但是,并不是现存的一切都是我们应该膜拜的东西,我们要站在明天的立场上来看今天。

第三种文化倾向,就是已经站在明天来看今天了,但只是停留在少数人理论上的探索,对整个国民的文化素质没有任何触动。这个我也不认可。

所以我做一件事情,找到一个选题,并由此切入,想真正能够对中国的文化现状、精神现状、国民素质现状有点积极的影响。

探索教育这个课题,是我找到的一个切入点。

问:老师,您现在宣讲成功、自信,会在本身已存在许多心理问题的高校进一步强化竞争意识,激起人类共有的无休止的对名、对利、对成功的欲望。当欲望和现实有落差时怎么办?

答:在讲到激化竞争意识的问题上,这位同学的面孔已经把一切对我说明了。你的倾向性我能感觉得出来,看到你的表情,甚至不需要看你的信就知道你的观点了。

在这个社会中要讲一种人生的境界。我们现在这样一个世界,这样一个中国在国际中的处境,和我们每个人在社会上的处境,到底是什么样的说法,什么样的做法,对大家来讲是方便可行的?

那么,我讲了"成功,健康,自在"这六个字构成一个完整的体系。

如果对于一个年轻人，完全不讲人生的成功，会使整个民族和这个人在社会中缺乏起码的生存位置。这个出发点是不实际的，这个出发点是没有人愿意接受的。

但是，如果只讲成功，大家身心全是疾病，包括很多现在商海里摸爬滚打的文化人，身心都有很多疾病。我不认可，也不赞同。

当成功和健康结合在一起时，本身就是新的境界了。因为它包括了心理健康。而当把生理健康、心理健康又引向自在状态时，我想"成功、健康、自在"应该构成一个相对完整的体系。

希望这位同学能够理解我今天讲的这种感觉。找到一种方式，尽可能地在现实生活中确立自己的生存位置，能够养活自己，能够生存自己，能够完成一般的社会、家庭使命；同时有所创造，在创造过程中又身心健康，处于一种自在状态。

这是我的一个完整的初衷。

问：现在清华大学最优秀的群体中，流失率达千分之十，自杀的也有。有句话，清华出傻子，北大出疯子。请问这是自信心的问题吗？自信心能解决一切吗？

答：刚才有同学谈到高校有各种各样的流失率和自杀行为，这是我要讲到的心理健康的最严重的疾病反映。我讲的这些内容希望有助于大学生们走向心理健康。在这些年中，我也经常用这些方法帮助别人，解决他们的心理健康问题。

希望大家能够从完整的意义上来理解什么叫真正的强者。

在我讲"强者"的时候，如果只讲成功，那就是褊狭的概念。当我讲了"成功、健康、自在"，就是一个完整的概念。

问：您所讲的成功者的心理素质与大家讲的健康的心理有何区别？

答：健康心理学是个通俗的说法，一般来讲，如果把健康注释得很丰富，它也可能包含了很多东西。

健康包括什么呢？生理健康和心理健康。

心理健康包括什么呢？包括心理上的承受力和社会适应能力与交际能力。

那么，如果能够达到更高的层次，那就是自在状态。这个自在状态大家慢慢会感觉到的，进入一定的境界会感觉到。

比如有的同学喜欢文学，当你们写东西时，有的时候写得很枯涩，很紧，很板，很痛苦，很苦恼，这就是不自在状态，这时一般写不出什么太好的东西。当你一段文字写得很流畅，很自在，很舒服，有点不假思索时，那叫自在状态。这种时刻的感受，就可以类比人生的自在状态。

问：请问自信心是否适用于任何人？

答：我觉得自信心适用于任何人，这个没有偏差，没有局限。

问：心理健康是不是指自信心的问题？

答：当然不是。我们在讲到自信心时，讲它是心理重建的一个方面。

问：您对您现在所做的事情、取得的成果是不是比较满意？

答：可以告诉大家，我现在处在这样的状态，我对自己以前做过的事情基本上就觉得没做，这句话不是谦虚。谁要是自己做了一些事情，觉得自己功成名就，背着这些东西是很累的。我现在就是觉得我以前做的

事都等于没做。

这是第一个感觉。

至于我将向哪个方向发展,我总是特别喜欢我现在正在做的事情。

我以前写过的书,一般我自己很少再谈了。我今后想做的事情比较多,说句比较调皮的话吧,我总觉得我以后肯定会让那些熟悉我的人经常吃惊。在《新星》《夜与昼》以后,许多人不理解我为什么研究生命科学,现在许多人恐怕又不知道我为什么又研究教育了。再以后,我可能还要研究文化,我还要做很多事情。

我觉得做这些事挺有意思,像小孩做游戏似的。

问:您有没有在客观环境中使尽了浑身解数都解决不了的问题? 当您遇到自己不能解决的问题时,您怎么做?

答:有同学问有没有我不能解决的问题,肯定是有我不能解决的问题啦。

人聪明在什么地方? 有的事情是该你解决的,是该你做的,你就把它做好,做漂亮。有的事情是不该我做的,开个玩笑,比如说,你非要我把太阳摘下来,我摘不下来呀。我解决不了,很简单的嘛。

所以,该自己做的,自己能做的,就把它做漂亮;不能做的,就把它放一放。

问:战国时韩非子口吃,但他的文章仍然能够在中国历史上产生深远的影响,您是否觉得他应该大声说话?

答:就讲韩非子。韩非子是法家,而且是非常有才智的人。他有口吃,我想这样说,我们并不能因为某个人有某种缺陷,就否定这个人的人生价值。我们也不应该苛求一个人样样都完美，因为天下有很多美的事物还有缺陷。

一个人能够使自己尽可能的完美是一个努力的方向。我觉得这是人生一种很好的状态。大家不必为自己现在不完美而痛苦，但是应该为自己在不断完美而感到喜悦。

我以为韩非子如果不口吃，他也会高兴的。是不是呀？我想，韩非子之所以口吃，有他的心理疾病。如果现在我和他是朋友的话，我希望能够帮助他调试。

历史上很多出色的人物都有各种心理疾病，有些心理疾病通过他们的形体动作表现出来。打开电视，各国的风云人物在电视上出现，他们的面部表情，一些特殊的动作，往往把他们的心理疾病表现出来，只不过通常人不知道而已。如果深入他们的心理，能够发现这种情况。

每个人还是要尽可能地使自己心理不生病才好。

英国有个伟大的物理学家叫霍金，是继爱因斯坦之后最优秀的理论物理学家，他有很严重的疾病。我并不认为他有疾病是很幸福的事情，我也并不认为他喜欢疾病。他一定也希望健康，同时又能够工作，能够有所创造。

我曾经说过，如果这个世界上的人都很聪明，都能有诺贝尔奖级的发明创造就好了，可是世界上还充满了疾病，也是很可悲的呀。

问：在中国古代，老子认为弱者是人生应该提倡的一种境界，所谓"以弱胜强"，庄子也有类似的观点。他们认为很强硬的东西已经发展到极限了，再发展下去肯定是衰败。所以在中国目前是不是应该提倡一下弱者呢？

答：关于老庄的示弱哲学，柔弱至水，柔弱胜刚强。

这个同学可能看过我写的书，我对老子和庄子还是比较熟悉的，对他们的哲学中可称道的部分，大概没有忽略过。我今天要讲的是阴阳、刚柔要相济。

对于一个人要讲刚柔并济，对于一个民族也要讲刚柔并济，阴阳结合。

那么，对于目前中国这样一个民族，和对于目前生活在世界文化范围中的这一代中国年轻人，只讲示弱可不可以？只讲回避可不可以？只讲从世界竞争中退出来可不可以？只讲从人群中退出来可不可以？只讲回避名利的倾轧可不可以？只讲对现状的一切都忍辱、承受、打不还手、骂不还口，可不可以？只讲对现实的一切都不批判，可不可以？

这将葬送一个民族。

但是，作为一个人，要了解自己刚柔的两个方面，阴阳的两个方面。

作为一个人，我在生活中有我最基本的竞争意识和强者状态，并不妨碍我同时能够柔弱至水，顺其自然，春风杨柳，婀娜多姿，是不是这样？要找到这种感觉。不要以为我在这里讲话就是三个字，硬硬硬，不是这个感觉。人生的这种自在状态，就是这种相得益彰、刚柔并济的感觉。

什么叫顺其自然？

老子有句话叫"道法自然"，最高的境界就是自然。什么叫自然？你看过各种各样的操练吗？任何操练，人类的任何劳动，只要做得漂亮都顺其自然。同学们看过拉面吗？那就是刚柔并济的动作，该摔的时候就摔，该折的时候就折，该柔韧的时候就柔韧。这就叫刚柔并济、道法自然。

讲话的时候也一样，该果断时要果断，该和颜细语时要和颜细语，这就叫道法自然。所以,对于任何古文化、任何哲理的理解,都要放在一个背景中来综合地感觉。

我讲了一句话,天下所有的真理都有相对的意义,这句话倒比其他真理更广泛。对任何人生格言都要去理解它,又不恪守它,不死硬地追求它,你才能找到真正的感觉。

所以,今天你读《道德经》,你吸取它的精华,但是又不要偏执于它。明天那里讲另外一个哲学,另外一个人生的真理,也有它的可取之处,你也不要局限于它。要有通融的感觉。

问:中国古代,尤其是近年来也出现了这种情况,就是所谓"人言可畏","众口铄金",对于这一点,不知道老师有没有良策?

答:关于"人言可畏",我想,这种情况我还是领教过的。

这个问题一定要结合具体情况来分析。

如果一种攻击、一种批判、一种人言,它的指向是应该攻击或者应该批判的,当然应该肯定。那么,今天这个同学讲到人言可畏的时候,他是讲到对人有侵犯性的、有伤害性的和对人有嫉妒性的攻击和批判。那么,作为社会文化行为来讲,我们对这种批判就要持否定态度。

所以,对正确的人言应该持肯定态度;对错误的和伤害性的人言无疑应该持否定的态度。

我对这个问题的领教可能比有些人还深刻一点,强烈一点。

我想说,第一,你想做一个对人类有贡献的、通常所说的比较优秀的人,要能够承受得住这些。承受不住这些是一种素质的缺陷。

我曾经讲过,你既然想做一个强者,你就要有这个思想准备,你没有别人同情你的权利。就好像你想做一个弱者,就没有别人崇拜你的权

利。你想做弱者,能让别人安慰你;可是让别人崇拜你就太难了。你想做强者,让别人崇拜你,可同时又让别人同情你,这不太可能了。

有得必有失,要有思想准备。

作为一个社会行为,这种对任何优秀事物的人言攻击,对那些人类真正优秀的创造进行人言攻击,本来就是人类社会必然存在的一种劣根性。对这些东西有批判就可以了。让它消除,永远没有这种可能。

那么,对自己来讲有什么良策呢? 除了刚才讲的那些心理准备以外,不理睬它就完了。

问:老师,您刚才谈到人生的三境界,这三种境界我觉得很难同时达到。您认为这三种境界可不可以作一个取舍,何者为第一,何者为第二,何者为第三?

答:关于人生三种境界的侧重取舍问题,就好像我们招聘选一个人,这个人需要具有某些素质。也可能两个人比较起来,一个人的组织能力比另一个人强;可是另一个人的策划能力更强一些。这就涉及对于人的综合评价问题了。

我现在讲的成功、健康、自在,是讲的由浅入深的顺序。比如你对一个学生讲,先怎么把学习搞好,在搞好的过程中还要健康,然后达到自在的状态。

这种关系要因人而异。也可能一个人现在学习不错,重要的是健康问题,那么对他讲的第一句话就是健康。如果这个人很健康,学习不努力,那么现在就要对他讲成功。如果一个人现在很成功,也比较健康,就有一个把健康再引向自在的问题。要因人而异。

问：请您就金钱、权力和人的人格品质、感情的价值谈一谈。

答：这个问题实际上就是现代中国年轻人面对的爱情观和婚姻观。

在这个世界上，爱情在绝大程度上不是生物现象，而是社会现象；不是自然现象，而是文化现象。当我们决定用什么样的标准来取舍自己的爱人时，你有一个特定的判断标准。每个人都有自己特定的标准。

每个人都可以审视一下自己的爱情标准。

我发现在爱情标准上，中国这代年轻人有一个我认为非常矛盾的体系。在他们的潜意识中，对爱情经常有短期行为和长期行为之分。有的年轻人对爱情还涉及这几年最好是什么样子，中年和晚年是什么样子的，都反映出爱情观上的矛盾状态。在爱情上的取舍，实际上是与整个社会的价值判断相联系的。

我认为爱情可以也应该和一个人的社会上方方面面的表现相联系。

当别人爱你时，他绝对不应该也不是单纯地指向你的生理特征的，是这样吧？他要指向你的文化、性格、素质以及你这些文化、素质在社会中取得的位置。在这个意义上讲，我不排斥一个人在社会中取得的成功。两个人其他条件完全一样，但其中一个人有作为，是个成功者，引起更多的爱，我觉得这无可非议。

这是事情的一个方面。因为成功引起爱情常常是短期行为。长期的是什么？是两个人真正在感情上的相互了解和需要。而这种了解和需要，不因为对方在成功问题上的起伏而有太大的变化，这才是感情具有很高价值的一面。

你今天成功我爱你，明天你不成功我不爱你，感觉好吗？不好吧。对于双方感觉都不好。

对于一个男性来讲，我觉得任何方面的自卑心理都不应该。一个女

性之所以爱你,就是因为在这样一个文化背景的生活中你具有魅力。这个魅力是由什么因素构成的? 你自己去感觉,绝对不是因为你有值得同情的地方。

爱情是一种相互的崇拜。你爱一个女性,总是被她的某种魅力所魅惑而产生爱情的。当然,常常同情也能导致爱情,是因为在同情的基础中已经含着认可了。就是说,她有她的人格力量。即使一个女性爱一个残疾人,她也不仅是因为同情,而是因为这个残疾人有某种魅力,有超越他生理残疾的人格魅力,这才是爱情的基础。

所以,针对你的忠告是任何时候都不必自卑。你以自己男人的自信生活,创造自己的世界,等待可爱的女性走进你的世界。

问:如何处理自大、自信和自我审视的矛盾? 对于一种思维方式,怎样扬长避短?

答:古人讲"吾日三省吾身",这和我们刚才讲的一句话不矛盾,就是要善于审视自己,也就是善于认识自己,我想它和自信不是矛盾的东西。一个人没有审视自己的才能,不能了解自己,也便不知道调整自己。坚信自己可以重新塑造自己,并不是盲无目的地塑造自己,而是要把自己塑造成更好的人。

那么,怎么叫重新塑造呢? 必然包含着对不好东西的剔除,建立新的好的东西。

问:您曾经说过,艺术家在心灵深处的某些地方是和上帝相通的,这个上帝是指什么?

答:在这个世界上有一种神秘的东西,或者说是一种宇宙本源的东西,因为直到目前为止,我们的物理学家们也没有能够真正回答宇宙从何而来。但是,根据我们对生活的种种体验,这个世界上确实存在一种相通的东西,当我们把那种东西说成是上帝,就是一种说法。

每个人都可能在人生特别微妙的时刻体验到这种东西。

我们不是讲相通之处吗?如果撇开刚才那种玩笑,轻松的欢笑,也撇开很多心理学、社会学问题的理论思索,也撇开你们带来的各种人生中的具体问题,当我们今天坐在这里面对面交流时,大概总有一个时刻、某一个瞬间找到一种很好的感觉,有那种相互理解和相通的东西。

这种相互理解和相通,不因为年龄、职业、身份、空间距离的差别而被割断。

这个世界本来非常单纯。文化起个什么作用?文化有时候起的作用就是把单纯的东西弄得很复杂。礼仪,寒暄,掩饰真情,各种各样的策略、技巧使得人和人之间有了很多隔阂。我做过一个非常有趣的统计,发现一个人在社交场合中百分之七八十的话是废话和假话,并没有几句是真正出自内心的。

为什么?因为这个世界很复杂,这个世界必须能够相互缓冲磨合,互相之间必须要有屏障,这是问题的一个方面。

但是,人在这个世界中生活,人和人之间没有孤立感,没有被隔绝,是因为那种真正有质量的友谊。否则就不能解释为什么现代社会的很多人,虽然周围有 个喧嚣的世界,却觉得很孤单,很寂寞。

为什么?没有近距离可以随心所欲对话的对象。

有的同学可能会有这样的经历,你可能会有非常要好的朋友,或者是同性的,或者是异性的,你们在一起散步时,有种互相理解非常和谐的感觉,你在这时候体会到的和谐的幸福感就是金钱买不到的。

有的人终生都没有这种幸福，我为他感到可悲。

什么叫自在？一方面，通常人做的事情你也做了，上学我也上了，工作我也工作了，我能养活自己的父母、孩子，我尽了这样的责任，做了自己该做的事情。应该说，在这些领域我成功了。同时，我还对人类社会有所创造，在创造时都是自己所喜爱的、视为乐趣的行为，不是为了成功而在那儿吃苦。

我从来不喜欢别人对我说这样的话，老师你很辛苦，你很勤奋，你很努力。我不爱听。我觉得我做的事情都是我愿意做的。当愿意做时，有事做幸福，没事做不幸福。而在愿意做时，如果你做得没有贪心，因势利导，就感觉是那么幸福。

如果你做得贪心、执着，那就不幸福。

所以，人活在世界上，要找好自在的感觉。就好像我们今天在一起交流，你可以用很好的状态来进行，也可以用不好的状态来进行。

什么叫不好的状态？就是有很多心理压力，很多执着，很多杂念。现在有些演员有演出综合征。为什么？各种压力综合而成。很多人不能上台演出，演出之后就病一场。所以不要太迷信那些在台上很出色的明星，他们也有很多自己的心理障碍和心理疾病。

希望大家能够在人生中找好自己的感觉，要做得漂亮、从容、刚柔并济，又讲究艺术。

下 篇

人生典藏

　　这一文本是送给那些在人生中有大追求的朋友的。

　　它讲的是如何有高的视点,有透彻的智慧,有做事的艺术,有创造的天才,有成功的战略,有自在洒脱的境界。

导 言

这是一个特殊的文本。

它将引导你更好地把握命运,完成人生。

人,有的时候需要质疑,有的时候需要信任。

希望朋友们在阅读的时候,不妨采取完全放松的态度。就像小孩走路,去什么地方不用多想,有小鸟领着,高高兴兴跟着走就是了。

最后发现,这条路很好。

应该这样说,社会上绝大多数人都在一种旋涡中生活,都在被驱使着生活。

无论是资本的活动,权力的活动,思想的活动,感情的活动,还是体育活动,文艺活动,各种利益的争夺。

从领袖到天才,到明星,到小商小贩,每个人都在拼命活动的旋涡中活着。

或者,在无奈的、无聊的旋涡中生活。

2

当代人生活的时候,有这样几种状态:

第一种是毫无思想,只是随波逐流地旋转着。

第二种是有所想。比如如何成功?如何解决各种生存的、发展的空间与策略?

第三种,因为生活中有痛苦,有焦灼,有烦恼,有矛盾,有嫉妒,有不平衡,有怨恨,有冲突,希望解决人生的各种问题。

第四种,就是这些心理上的麻烦、不平衡导致的心理疾病。于是希望探索解决心理障碍的方法,探索祛除心理疾病、解除痛苦的方法。

第五种,身体有这样或那样的疾病,因此想方设法祛除生理疾病,使自己获得健康。

3

这样,就有了社会上流传的各种实用性的人生策略学。又有很多具体的生活、工作、经商、从政、学习的方法。还有相当多的应用心理学。以及各种健康技术。

4

有的人更深刻一点,超脱一点,可能进入了哲学思考。

人的本质是什么?人生的意义是什么?宇宙的奥秘是什么?

5

　　有的人再超脱一些,或者说再痛苦一些,对现实再逃避一些,就有了宗教,也包括东方的禅宗之类。

6

　　现代世界的问题,应该说足够多。

　　现代人生的问题,也是足够多。

　　而现代世界堆积的人生策略学、心理学、哲学、宗教,也是足够多的。

　　与此相关的学说理论可能就有相当浩瀚的著作篇幅。

7

　　这三种足够多:世界问题的足够多,人生问题的足够多,同时回答问题的理论著作足够多。那么,一个人应该如何面对世界,言简意赅地取得人生的大智慧?

　　一个初具文化知识及人生基础经验的人,一个可能一头扎进自己的专业而无暇涉猎人类思想史浩瀚成果的人,该如何获得俯瞰人生及人类社会的智慧呢?

　　而且,这个智慧应该从根本上使你掌握自己的命运。

　　它应该使你看清人类历史,看清人类社会,看清人,看清自己,使你掌握人生的基本法则,并且使自己成为一个成功的人,健康的人,自在的人。

希望这个言简意赅的论述,能对你的人生有所启蒙。

在阅读这个文本的时候——

第一,希望你有一个宏愿。

这个宏愿就是,决心使自己成为一个智慧的人,成为一个成功、健康、自在的人,成为一个令自己感到自豪的人。

为了实现人生的启蒙,这个宏愿是十分必要的。

希望朋友们在开始阅读之前稍稍想一下自己的宏愿。

有这个决心和没有这个决心,效果是完全不一样的。

第二,希望你有一个信念。

这个信念就是,你能够重新塑造自己。

希望你从现在开始建立起这个信心,能够幡然彻悟,焕然一新。

同时不是从观念上想,而是从心底里问一下自己,有没有这个信心?并在心中作出回答,要"真想"。

古人讲"人皆可成圣贤",也讲"人皆可成佛"。

你想过自己可能成为圣贤吗?

很多人没有想过。圣贤是远离我们的高高大大的人。

事实上人皆可成为圣贤。人皆可成佛。人皆可成为智慧的人。人

皆可成天才。

希望朋友们能够建立起这个信念。

第三，如果你找到了好感觉，就要从现在开始全身心地投入新角色。

你有很多模式，很多狭隘的经验，对自己的判断，对自己的限定。你也许就没有想过和圣贤一样，有那么多知识，那么强大的能力，懂那么多道理，影响那么多人。这就是你的一种模式。你也许就没有想过你要做这个世界上最出色、最自在、对人类和对自己最好的一个人。

这就是对自己的限定。这些限定要拿掉。

人无形中有很多限定，社会在限定你，自己也在限定自己。

你注意到了吗？这个世界每天都在限定你，你叫什么名字，你是搞什么专业的，你是干什么工作的。外界对你的概念带着你的名字，带着对你的称呼，带着对你的限定：你不能干商业啦，你不能当政治家啦，你不能当球星啦，你不能当伟人啦。

当这些限定被你接受的时候，就是人生的误区。

要把各种利欲、牵挂、计划放下来，把多种感情的倾向放下来，把自己旧有的知识、经验、成见、框框、模式放下来，把自己旧有的观念放下来，把自己旧有的思维、语言模式放下来，使自己真正成为虚心的人，空灵的人，敏感的人。

从此以后面带微笑，心平气和地看待世界，包括看待繁华的社会，浩瀚的宇宙。

这就是我们的新角色，新自我，新状态。

就像阳光照耀下的沙滩上快乐玩耍的大婴孩一样，用天真无邪的心态看待世界的一切。

要心平气和。

对繁华的社会也心平气和，用古人的话讲，就是用"平常心"来对待它。

千万不要觉得世界那么大，有些人的思想那么深刻，有些人的财富那么压人，有些人的地位那么需要仰视，有些人物那么伟大，有些明星那么出名，有些苦难那么深重。不需要这样想。

心平气和地看待它。

古代的禅宗讲平常心。现代人学禅常常是两张皮，读书的时候觉得自己状态不错，生活中却很弱智。

希望朋友们真正进入一个阳光下坐在沙滩上快快乐乐玩耍的大婴孩的状态。

能够进入，就有可能开悟。

阳光照着这个健康快乐的婴孩，沙滩上堆着很多玩具、石子，婴孩坐在沙堆里哼哼笑笑唱唱，念念叨叨玩耍着。这就是他的世界。没有恐惧，没有牵挂，没有忧虑，没有焦灼。

要的就是这种大婴孩无忧无虑的玩耍状态。

如果你能用这种状态来玩耍自己的创造、人生、爱情、外交、政治、经济，那就是天才，而且是比历史上很多天才还出色的天才。

因为历史上的很多天才虽然成功，但并不健康。

13

圣贤的奥秘就是一直在创造、诱导自己沉浸在这种状态中。

千万不要看禅的时候是禅，一进入生活就是苦痛，是贪婪，是焦灼，是忧虑，是烦恼。

在好的状态中，天下一切所谓巨大的存在，包括人类巨大的财富，巨大的权力结构、社会结构，也包括巨大的苦难，都该成为快乐大婴孩身边的各种玩具而已。

还包括历史上那些巨大的先哲思想，也应该成为玩具而已。

对这一切智慧，就像儿童一样，既重视又忽视，都看见了又都没看见。

孩子对眼前的玩具都看见了，可又不是死死地看。所谓什么都看见，什么又都没看见。人类思想史上的全部优秀成果我们都看到了，又都没有看到，若有又若无。

一切都在视野中，又不在视野中。

14

这种状态是一个健康快乐的儿童所具有的，不健康不快乐的儿童不具有。

在幼年时对世界就是这种状态。当他成长了，肩负起各种知识、财富、阅历、地位时，就沉重了，被束缚了，被限定了。

用禅宗的话讲，我们要"随方解缚"，使自己回归儿童那种快乐玩耍的、无忧无虑的、自由自在的状态，周围是沙堆，是玩具，是阳光，高高兴兴地玩耍。

希望朋友们在这种状态中接触当代社会的巨大现实，而不是回避现实。

希望朋友们对世界、对人生看得透彻一点。

透彻一点，就可能聪明。

一　　人与世界

人在世界中，世界在人中。

我们观察一个人的时候，往往会发现，只要在世俗范围之内，人就不是孤立的，不是自由的，不是自在的，而是在各种限定之中。

不知为什么，许多人就是挣扎不出来。

很多人想修禅，或者说想进入某种境界，可是努力了很多年，发现自己还是那个人。

那么，我们想用现代的概念使人们知道一点：

一个人只要在世俗中生活，就常常会被非常彻底地限定了。

2

我们首先用"逻辑"这个概念。

如果广义地使用这个概念，"逻辑"一词会有很多使用方法。

先请朋友们注意用词的奥秘，当同样一个词在不同范围出现的时候，就表明这些不同的范围具有一点相通的东西。

比如你吃糖甜,可你还说生活甜。生活怎么是味道呢? 这是人类找到了它们的相通之处,作了一个比喻。

吃黄连苦,可是你说生活苦。生活能用舌头尝吗? 不能。为什么使用同一个字词? 因为这里有相通之处。

人类只要在不同领域使用同一个概念,就已经表明人类的经验也好,潜意识感觉也好,发现了它们本来的相通之处。

那么,当我们在不同领域使用"逻辑"这个概念的时候,就是因为它概括了人类在这方面的相通感觉。

3

数学逻辑。

现代科学有包括"1+1 = 2"在内的无数数学逻辑,而数学逻辑不过反映了事物运动的逻辑。

一条河流,又一条河流,合在一起冲力就大了。在数学上是"1+1 = 2"。数学中有无数的逻辑,在生活中都有相应的逻辑与之对应。

还有物理逻辑,还有形式逻辑,到了辩证法里有辩证法的逻辑,生物学有生物学的逻辑,生理学有生理学的逻辑,心理学有心理学的逻辑,历史有历史的逻辑,故事有故事的逻辑,爱情有爱情的逻辑,生活有生活的逻辑,思维有思维的逻辑,社会有各种各样的经济的、政治的、法律的逻辑。

人类生活在各种各样的逻辑之中。

人被各种各样的逻辑决定、推动、驱使。人是逻辑的人格化,人被逻辑控制,人是逻辑的载体,是逻辑的因子。

当我们看电视剧的时候说这个情节逻辑不合理,说明作者在写作这个情节时,人物相互关系的发展背离了生活本身的逻辑。

生活本身存在着逻辑。

感情有感情的逻辑,经历这件事情产生这种感情,这种感情又产生那件事情。

从某种意义上讲,人生受制于各种逻辑,被无数的逻辑所控制。

当一个人侈谈某种超脱的时候,他其实没有审视自己,生活中某一个特别具体的逻辑已经把他限定了。

逻辑是丰富的,逻辑是顽强的。

且不要说千万个逻辑,仅仅一个逻辑就可以支配你在这一天或某一个阶段的行为。

比如说,当你在生活中某一个愿望没有实现时,肯定你不愉快。这个情绪逻辑谁都避免不了。

仅仅这样的逻辑就会每天折磨你,更不要多说其他的了。

逻辑在一定意义上就是程序。

程序是运动性的,因果性的。

一个人在生活中只要被某种逻辑所控制,这个程序就发生作用。想超越程序是很困难的。

已有的程序还能不断造出新的程序。电脑中的程序可以造出程序,生活中的程序也是一样,一种程序造出另一种程序,继续影响和决定着人。

人只要一进入程序就要受控制,程序从一开始就有它自身顽强的执行规律。

5

同时并存的各种逻辑表现为关系与制约。

人与天地、自然、宇宙、四时、地理、气候、社会等诸多因素相联系。

对于一个人,并不是一个逻辑、一个程序在支配他。同时并存的多种逻辑、多种程序反映在一个人身上,就成为我们通常所说的各种关系:如家庭关系、社会关系、政治关系、经济关系、思想关系,等等。

不仅有人与人之间的关系,还有集团与集团之间的关系。大的集团就是国家民族。

关系制约着人。

一位哲学家讲过,人的本质就是社会关系的总和。

人类是这样,一个人也是这样。一个人的本质就是他现在在整个社会中所有生活关系的总和。

想一想人和社会上各种生活都是什么关系,这些关系总合在一起就概括了人的存在。

6

运动与潮流。

社会有很多潮流和运动,逻辑就是运动,是运动的轨迹,运动的法则,运动的趋势。

当成群的人被一个逻辑所驱使的时候,就成为社会运动、社会潮流。

很多时尚、潮流、趋势,不过说明了一群人在被一种逻辑驱使。

服装有服装的潮流,生活有生活的潮流,感情有感情的潮流,年轻人有年轻人的潮流,知识分子有知识分子的潮流,包括时下的经商也是个潮流。它是被一定的社会逻辑驱使的。

这种潮流几乎对社会上大多数人都有裹挟作用。

此一时时尚这个,许多人受感染,受裹挟;彼一时时尚那个,又有许多人被裹挟。

各种各样的社会运动、潮流在裹挟人,影响人。

逻辑有大有小。

大的逻辑就是历史的逻辑。历史上的每一次变革与运动,都表明无数人被一个大的逻辑所推动。

还有一个概念,叫相互作用。

人活在世界上,任何相互关系、相互制约都是相互作用。你和社会的关系,和社会上任何一个人的关系,都有相互作用。

人受多种外力的作用,这些外力制约你、限定你、决定你,或者肯定你,或者否定你。用物理学的概念简单讲,就有个合力的问题。

外力的合力决定了你运动的轨迹。

而一个人在社会中生活的时候,外力是超三维空间的,不能在三维空间中描述。

就好像一个人在演讲,他与听讲的人之间有关系,与社会有关系,与文化有关系。而这些关系无法在三维空间中描述。

这些关系中都有力的概念,因此,每个人都在外力作用的影响之中。

8

这时候,就要用到通常哲学所说的变化和转化的概念。

什么叫变化和转化?

当人与周围环境的关系、位置发生变化时,人内在的结构、品质也在发生变化和转化。

人既然是所有关系的总和,关系发生变化,其实就是人本身在发生变化。和外界的关系发生变化,本身不发生变化,这样的人是不存在的。

当一个中学生走进大学成为大学生了,好像只是外在的东西发生了变化,人还是那个人。可是只要一走进大学,他和世界的关系就发生变化了。原来在中学上学,别人把他当做中学生;现在在大学校园里学习,别人把他当成大学生。这个关系的变化使得他本人的心理一下发生变化,这个变化是不由自主的。

两个人原来在谈恋爱,现在结婚了,这不只是形式的变化,关系也发生了变化。关系的变化使人在心理上也立刻发生变化,连人本身都会发生变化。已婚的人和未婚的人在感觉上完全不一样。

又比如昨天你是部长,今天被免职了,好像是外在关系的变化,但是你内在的心理立刻发生变化,连带自己的整个品质特性都要发生变化。

所以,和周边世界关系的变化必然使人的心理、素质、内在结构发生变化,而人就是在不断的转化、变化之中。

因为人是社会关系的总和,因为人是逻辑的环节和构成,因为人是

程序的载体，并且本身就是程序，所以，逻辑的运动就是人品质的变化。

根本就不存在这么一个人，体积是限定的，与周边世界是分离的，一种单纯的双边关系。

从自然科学角度讲，人是物质的总和，不断地新陈代谢，外界的东西不断进入他，他也不断地排出。从这个意义上讲，人在不断地变化。

从社会科学角度讲，人是社会关系的总和，也在不断地新陈代谢，不断变化。

从世俗观念讲，人是无数逻辑的载体，人本身只是一个"环节"而已，"相"而已，都在变化。

把这些变化看清楚，才知道什么叫状态，什么叫动态。把人看得特别固定，特别明确，特别死板，没有变化的概念，就不可能从根本上有自在的感觉。

9

往下讲到的概念，叫做环境、格局、局势、情势、态势。

各种逻辑的综合作用构成一定的环境。在某一环境中，众多逻辑的配置形成一定的格局、局势、情势、态势，对人有非常明确具体的规定性、驱动性和决定性。

人处在一个环境之中。逻辑、作用、外力造成一个环境，而这个环境是由很多逻辑的格局造成的。这个格局是非常确定和复杂的。

人生活在不同的环境中，自我感觉和形象都要发生明显变化。你在家里是什么样？你在学校是什么样？你在工作单位是什么样？你在讲课时是什么样？你上街时是什么样？

一个学生很崇拜一个老师，因为他过去只在课堂上接触老师。可是有一天，他看见老师在菜场买菜，和卖菜的人吵架。他对老师的概念就发生变化了。老师还是那个老师，老师在不同的环境中，他的自我品质和对外界的态度是完全不一样的。

任何实体在一个格局中，一个环境中，一个情势中，它的被规定性是非常明确的。这种观点，研究军事、经济、政治的人会比较赞同。

球场有球场的格局，下棋时棋也形成格局，政治形成格局，外交形成格局，经济形成格局，军事形成格局，人生的环境形成格局。在一种格局中，政治家只能作一种他看来唯一的选择，军事家只能作一种选择，运动员在足球场上只能作一种选择。

人不能任意作出选择。在一个环境中，一个格局中，人的行为也被限定，他只能作某些选择。

这就是环境、格局、局势、情势对人的限定。

各种关系、制约形成环境、格局、情势。

各种相互作用，各种外力的结构形成环境、格局、情势。

环境、格局、布局、局势、情势、态势、形势，用这些词都是为了刺激我们形成对环境结构的具体规定性的感悟。

这里是"境"，是"局"，是"势"，是"情"，是"形"，是"态"。

一定要善于把世界上所有的东西都通融起来，最后落实到对人生的思考上。

10

从环境、格局、情势引出"场"的概念。

有自然物理场,也有社会文化场。

各种各样的自然物理场,各种各样的社会文化场。

物理学上有场的概念,有各种场:引力场、电磁场,等等。

场无疑对场中的各种物质具有明显作用,某种可用数学、物理的方式确定的作用。

除了物理场外,还有其他的自然(常常也含着文化)场,如风水,如各种环境,城市,村庄,厂矿,建筑,室内布置,会场,这些是综合的场。

场的概念还可以宽泛到社会文化领域。社会文化中同样有各种各样的场:政治场、经济场、心理场、气氛场、权力场,包括体育赛场,还包括文化场、舆论场之类。

引进场的概念是想说明这样的事实:人只要在社会中生活,就一定能感到场的概念的限定。丰富了场的概念,有助于我们对人所处的位置、对人的被规定性、对人的本质的认识。

当一个人没有找到掌握自己命运的智慧时,在一般意义上讲,生活中的逻辑、运动、潮流、社会关系、环境、格局、场,对他的规定性是非常厉害的。想超越这些东西是很难的。

从这个意义上讲,人在尘俗的世界中有它丰富的含义。

人在这个世界中,人不在这个世界之外。人难以超越这个世界对他的限定。

11

同时，世界在你中。

什么含义？并不是有一个场把你孤立地放在里面，作用于你。你本身内在的东西又是世界多种关系的一个缩影，结合在你中。

社会有文化，各种文化在你的思维中都能找到相应的痕迹。社会各种各样的关系在你的品质中都能找到相应的东西。社会有某种格局，在你的心理中、思维中、文化中也可以找到相应的东西。

整个世界在你中。

12

你在世界中，世界在你中。你和世界就处在这样的关系当中。

不可能把你从世界中分离出来，超越这个世界；也不可能把世界从你当中拿掉，拿不掉。

人在宇宙中，宇宙在人中。不存在脱离宇宙的人，也不存在脱离人观察和思考的宇宙。只有人在谈论宇宙，这个世界也只有人在观察宇宙。

只要是人在谈宇宙，观察宇宙，就不存在超越人观察的宇宙。

希望朋友们真正建立一个概念：人在世界中，世界在人中。人在社会中，社会在人中。

人，根本不是通常意义上的人的概念。

通常的人的概念是：我叫什么名字，我有哪些特点，好像对自己看得

很具体。其实人不知道被生活中多少环节制约、决定，也不知道从大到小有多少观念在制约着人；所有这些关系、运动、格局又都记录在人的思维中、生理中、心理中。

从自然的角度讲，人也是自然界的一种运动，从来不存在一个固定的人。赫拉克利特曾经讲过，人不能两次踏进同一条河流。人也一样，我们不可能两次看见同一个人，因为人每时每刻都在发生变化。

13

人与世界的关系，还表现在人与"情结"的关系。

人类社会有各种情结，情结是一种心理事实，一种心理存在。

人是不同情结的载体。

人类社会有数不清的情结：恋父情结，恋母情结，仇父情结，仇母情结，宗教情结，信仰情结，自卑情结，寻根情结，出人头地情结，传宗接代情结，耀祖荣宗情结，复仇情结，报恩情结，民族情结，土地情结，争强好胜情结，创造发明情结，发财致富情结……

任何反复压抑、累积的心理能量，无论是欲望、恐惧、仇恨、羞耻、爱、愧疚、罪恶感、追求、信仰、向往都会成为一种情结。流落他乡，有临终时的叶落归根情结。作家想获得诺贝尔文学奖，就会有诺贝尔奖情结。从小经历一个心理创伤，也会留下情结。

人类社会的情结表现在方方面面，每个人都有不止一个这样或那样的情结。

14

人类是全部逻辑和程序的总和,是全部社会关系的总和,是所有潮流的总和,是所有相互作用的总和,是所有转化、变化的总和,是所有文化环境、格局、情势的总和,是所有社会、文化场的总和,是所有情结的总和。

15

从一个人来讲,其所受制约的所有逻辑,所受制约的全部社会关系,所受裹挟的全部潮流,所受到的全部外力作用,其所有转化、变化,其所处的全部环境、格局、情势、场,其所具有的全部情结,都成为其本质。

他不只受制于这些外力的影响,不只是被动地被制约、被作用、被决定。

他本身是这个世界的一部分。

他是整个世界逻辑、关系、潮流、外力、变化、环境、格局、局势、情势、场、情结的一部分,是它们的载体。

他又是这一切的总和,以特定的方式全息缩影着这全部逻辑、程序、关系、潮流、外力、环境、格局、局势、情势、场、情结。

16

不同的人只是全息缩影世界的方式、角度不同。

17

正是从这个意义上讲，人是世界的一部分，又是整个世界。

或者说，人在世界中，世界在人中。

人难以轻易摆脱社会逻辑、程序、关系、运动、潮流、相互作用、环境、格局、局势、情势、情结、场的规定。

18

人被世界所规定，还深刻地表现为"累世"的遗传性。

人作为生命，非常敏感地接受着、积累着一切影响。从其受精开始，就把父母当时的所有生理、心理及环境影响、自然地理环境、社会文化环境都蕴涵了。然后是胚胎时期的所有影响，生育前的全部影响。乾道成男，坤道成女。

人一出生，就遗传了父母生理、心理的许多特点，即素质，还遗传了父母带来的社会位置，这些社会位置同时还在继续影响素质，而素质也在继续决定着他的社会位置。

人在一生中受到全部逻辑的影响。

人不仅是接受明示，而且记录暗示的全部。

一切暗示都在心理上记录下来。

也在生理上记录下来。

情绪本质是即时的，瞬间的，但一种情绪反复、持续地出现便会累积凝固为心理特征。

表情与相貌也是如此。

表情是瞬间的相貌。

相貌是凝固的表情。

任何瞬间的表情都累积在相貌之中。

瞬间的体态也会累积在身体素质中。

这种种累积，把一切瞬间的东西都记录下来。还会遗传。一代又一代。

就有了"累世因缘"。

人就更表现出了"命运"特征，历史的安排。

人在出生及从小家庭生活中所接受的生理、心理遗传与家庭、社会地位，从一开始就相当大程度地确定了一个人的人生。

世界是严酷的。改变自己的命运需要智慧与宏愿。

世俗生活、既定存在对人的巨大规定性，我们首先要承认，而且要透彻地洞察，在此基础上有真正的达观。

要改变自己，首先要跳出原有的逻辑、制约、位置，对自己所处的逻辑地位不滞留，不执着，敢放下来。忽视逻辑，中断逻辑，放下逻辑。

进入新逻辑，进入新的逻辑地位。

要建立新逻辑，新思维，新观察，新暗示体系。

二 | 人在文化中

1

所有的逻辑、程序、关系、潮流、运动、相互作用、转化、环境、格局、情势、场、情结都有两部分:自然的和社会的。

或者是由两部分的某一部分组成的。

或两部分共同组成。

逻辑有纯自然的逻辑,如万有引力、流星坠落、湿气加冷空气降雨,等等。

有纯社会的逻辑,如思想运动。

2

现代文化学广义的定义,文化就是人类所造成的这一切。

人类自己创造的一切精神财富和物质财富,都叫做文化。

经济、政治、体育、艺术、科学、宗教都是人类的文化。一个不严格的说法是,所谓非自然的社会性事物都是文化。

人类社会是一个双重的存在。

它在大地上活成一群生物，这是其自然属性的存在。

它又创造了许多文化，这是其文化属性的存在。

3

人也是双重的存在。

当我们讲一只鸟的时候，它是个自然的存在，是个生物的存在。讲一个人的时候，就不仅是自然和生物的存在，同时含着社会、文化的存在。

讲一个人的特点时，是因为他在人创造的文化中生活。

人类社会所创造的一切都是双重的。比如一张桌子是用木头做的，木头是个自然的存在，它从树木加工而来。可是做成桌子以后，它的结构形式、颜色、设计都含有人类审美及经济的考虑（物美价廉）。人赋予它的这一整套东西，就是文化的存在。

文化的存在和自然的存在结合在一起，就成为这张桌子的属性。

如果问这张桌子的审美在哪里，能不能描述一下？那么，它的审美结合在桌子中，又不在桌子中，而在人的观念中。

又比如设计一个封面，当它落在纸上，纸是个自然存在。但是它设计成某一种样子，人的文化观念已在其中了。

当我们讲社会的一个东西好或不好、优美或不优美，一定要注意，世界上所有的东西——物和人，都是双重的存在。既是自然的存在，又是文化的存在。

人有五脏六腑，这是生物的存在；可是人的所有行为，包括生物行为，比如说吃东西也有观念。这个菜营养好，是个观念问题，动物就不会

考虑营养问题。这个菜好消化,也是观念。

这些观念都是非自然、非动物性的东西。

所以,人的任何自然性行为其实也都是文化行为。

动物相爱是出于繁殖的需要,这是动物的行为;人相爱有许多时候是文化行为。他有才能,我才爱他。动物是不考虑才能的。他有文化,他有素质,他有修养,他有财富,整个是文化的构成。

人类世界的一切存在,人的一切活动,一切创造,都有双重含义,都和文化相联系。

人在自然中,又在社会文化中。

人是自然的、生物的存在,意义很明显。

人又是社会的、文化的存在,他本身就是文化。

人是文化的人格化,人是文化的载体。

文化随着人类社会的产生而产生。

文化有其生成、生长、发展的历史。文化在自然界是由无到有生长起来的。从人类诞生开始,文化相应地就生长起来了。

它不是天经地义的。

文化是一个越来越丰富的逻辑体系。

文化是人类社会特有的,人类社会本质就是文化。

5

文化是个特殊的空间。

在这点上，现代物理学要受到诘问，它无法回答这个问题：文化存在在哪里？

文化在自然之中，又在自然之外。文化在三维空间好像是存在的，文化好像又不存在在三维空间中。

社会制度存在在哪里呀？能看得见的，有政府的大楼，公章，盖章形成的文件，等等。这些就是整个制度吗？只是这些东西吗？

老师讲课，学生要听，不能够随便讲话，发言要举手。这是个制度。

但是，这种关系存在在哪里，怎么描述它？

很难描述。

因为制定和遵守这个制度的人在三维空间中，一些相关的建筑、设施、物体在三维空间中，于是这个制度好像在三维空间中；但是这个制度本身在三维空间又看不见，在三维空间之外。

三维空间是自然的，三维空间之外是非自然的。所以，文化的存在是在自然之中，又在自然之外。

这也涉及对自然界的重新定义。

文化存在于另外一个空间，这似乎是个很神秘的东西。希望朋友们对文化的存在有一个科学的概念。

这个世界的人不仅是自然的存在，也是文化的存在。

6

如果对现有的一切文化进行划分,可以有很多分类的方法,可以对文化作很多结构分析。

物质文化、精神文化、制度文化是一种分法。

物质文化,所谓一切创造的物质产品。

精神文化,所谓一切科学、哲学、艺术、宗教。

制度文化,人类社会的一切组织、机构、政治、社会程序、契约,等等。

7

对文化有另一种划分方法。

根据人的意识由潜至显外化的不同层次。

有潜意识中的文化,以梦、昼梦的形式出现。

有显意识的文化,如我们的思维。

表达为声音的思维,是更明确外化被人知晓的文化。比如演讲、报告等。

当思维、意识中的东西做成书,做成录像带时,这个文化就更为"明显化"了,在三维空间都有一种存在了。成为产品的精神是更物质化的文化。

当一种思维、意识成为世人知晓的理论、观点、主义时,是更大的文化存在。

当思维、意识体现为社会制度时,这显然是更赫然的文化。

体现在各种物质产品中的思维、意识、观念,则更是无处不在的文化了。

仅仅一座建筑,其中就含有很多设计思想、美学观念等文化。

8

文化最突出的特点是与人类精神的存在相联系。

它与一个概念的、符号的、语言的世界相联系。

精神文化自不必说。

制度文化也是如此。

物质文化——一切物质产品都含有人的精神与意识、科学技术、审美、各种观念等,都有一个概念的、符号的、观念的世界在其中。

9

人类世界一切物质的流动,都有概念的、符号的、语言的流动相对应。

这是全息的。

当商品交换时,物质流动是商品——货币;而其中的符号、概念、语言流动是等价交换。

商品既是物质,又是符号。

金币同样。

纸币也同样,只不过更符号化。

走账更是符号化。

没有走账,只是口头契约,同样是符号、概念的运动。

10

文化确实是另一个空间。

文化空间是一个特殊的空间。

自然界的一切物质运动都可以在三维空间度量。但是,对思想、道德、信仰、制度不能在三维空间进行考察。

因为它们存在于另外一个空间。

11

对宇宙间一切存在的观察都是文化的观察,这是比量子力学的测不准原则更为普遍的原则。

即观察必定是在干涉、干扰对象中进行的。

人类观察世界时,受到观察者的素质、观察手段的制约与影响。

这在很大程度上是文化的制约与影响。

人对世界的占有在一定意义上是概念的、符号的占有。

12

人是文化的存在。

一个人对自己的种种认定,对自己的判断,他的知识、经验、观念、感情、意志、道德、价值,他的潜意识中储存的一切暗示、情结、逻辑,他的显意识中存在的一切概念、思维、逻辑;

他对世界的一切判定,他对一切程序、法制、结构、制度、关系的判定,他对周围一切人与事的判定;

周围世界对他的所有判定:他的身份,他的地位,他的价值,他的特点,他的能力,他的品质,他的财富,他的作用,他的社会关系,他的思想,他的智慧,他的性格,他的情感,他的一切的一切;

周围世界对他的一切态度,一切信号;

无不带有深深的文化的印迹。

三　　利　益

1

当我们走入社会、走上人生的时候，一定要洞察清楚一样东西：利益。

这个世界很具体，又很虚无。

要用儿童游戏的眼光，玩耍地看待人类社会的利益。应该把它看得很清楚，比谁都清楚，看清了以后还能把它放下来。

世界原本并不复杂，只不过人们的眼睛不太好，看不清楚而已。我们并不想做上当的小傻瓜。

2

这个世界的各种逻辑、程序、关系、制约、运动、潮流、作用、转化、环境、局势、情势、场，作为文化的存在，都有利益贯穿、隐含、充实其中。

利益几乎显示了一切社会性（文化性）逻辑。

就本质而言，这个世界的很多逻辑都是利益的逻辑。

有的是利益的直接表现，有的是利益的间接表现。

就世俗社会而言，没有完全脱离利益的存在。

希望朋友们在进入社会时，不要对利益持这种态度：一知半解，不敢多接触，觉得它很可怕，很累。或者认为某些"非利益"的东西很高尚，可是实际上又被利益所牵动。

不敢谈利益的时候，恰恰是利益在决定一切。

当双方都在做欺骗自己又欺骗对方的游戏时，彼此都成了利益的俘虏。

希望你走向社会时，在利益问题上成为最聪明的人。

一眼看透。

看透以后，又能够轻视它的存在，不为其所累。

3

首先应该建立广义的利益概念。

利益的存在不仅是物质的、经济的利益，还有政治的利益、社会的利益，还包括心理的需要、生理的需要构成的各种利益。

广义文化意义上的各种需要，包括感情、精神、心理的需要都构成利益。人们通常讲的自尊、名誉、虚荣、爱、感情，都是利益。

人生存的各种需要层次，饮食、性爱、家庭子女、繁衍后代、安全感、自尊感、安慰，都是人生的利益。

人，社会，生活，到处充满了利益。

4

利益结构着社会,利益连接着人。

社会生活中所有的双边关系,无论是经济的、政治的、外交的、思想的、人际关系的、社交的、爱情的、婚姻的、情感的,就其实质而言,如果用广义的利益概念来概括,都是利益关系。

这样讲可能有点刺耳,因为这个世界的许多人习惯于欺骗自己,欺骗别人。

所有的双边关系,无论是有明显契约的,还是无明显契约的(隐契约),都隐含着利益关系。

做生意、谈合同当然是利益关系;搞外交、谈政治、谈经济、谈商业往来的契约,形成外交文件,也是利益关系。这是有契约的。

没有契约的还有很多。

结婚是个契约,法律契约,也是个关系。上学,和学校之间也有契约,虽然不签合同。这个契约就是学校得教育你,你得交费;你得听老师的,老师管理你。成为朋友虽然未签合同,也有契约隐含在其中。相互信任,相互负责,不能欺骗,这是一种无形的契约。

生意上借钱,签合同,是手续,是契约。朋友间借钱,有时签约,有时不签。不签也存在契约,无形的契约——借了要还。

5

对一切事物的判断,都要用广义的利益概念。

不仅拿工资、拿钱是利益,还有很多利益。

你跟某人在一起得到鼓励、得到指引,这是一种人生的利益。你跟某人在一起感到幸福,这是一种人生的利益。你跟某人在一起有安全感,这也是一种人生的利益。

一个民族经济上、政治上,各方面都有利益。某种东西(物质的和精神的)能使一个民族的物质状态好,精神状态好,这都是民族的利益。

利益是广义的。要用广义的利益判断。

母亲和孩子也有利益的关系。很多人可能不爱听这句话,不是常讲博大圣洁的父爱母爱吗?可是,当你透彻地使用广义的利益概念时就会知道,父母照顾孩子如果期待养儿防老,这就是利益交换。

除了养儿防老,就没有其他利益了?

爱,也有利益掺杂在其中。

情感本身就是利益。父母要实现自己的父爱和母爱,本身就是一种情感需要,是父母的利益所在。

利益还有很多。有的拿孩子当传宗接代的象征,有的拿孩子做自己生命力的标志,有的拿孩子作为自己一个特殊的作品。有什么不可以理解的呢?

利益是广泛的,也许有的人终生都不爱财,但是他希望别人尊重他理解他,这也是一种利益。

6

社会上的各种斗争、矛盾,实质上都是利益的争夺。

利益相同使人或集团之间联合,利益对立使人或集团之间斗争、分

裂。

社会上许多斗争、运动、变化的实质就是利益的斗争、运动和发展。

要在各种事物、现象、活动、言辞、理论的后面，看到利益的实质，看清隐蔽形式的利益。

要从经济、政治、外交、思想、文化、生活、社交、感情的各种现象中看到利益的实质。

不被迷惑。

不仅要看到公开的利益，还要看到隐蔽的利益。

当把利益这个词广义使用的时候，就会发现利益本身是个中性词。

人们有时候把利益当成坏词，有时候把利益当成好词。

一说民族的利益，就是好词；个人的利益，就是坏词。其实利益是个中性词。

还要看清利益的升华与转化形式。

人类社会许多崇高的范畴，不过是一个历史阶段民族的、氏族的、种族的、集体的、社会的、人类的利益的转化与升华。

整体利益要求个体利益做出牺牲、抑制，这就有了世界上通常所说的正义、善与道德。这是伦理学、社会学、哲学的一般理论。

什么叫正义？一般意义上讲，符合社会大多数人的利益，就叫正义。

什么叫善？就是你做的事情符合整个人类生存的需要，符合整个集团、集体的需要。在一定意义上你符合了集团、集体的需要，必然就表现为不仅是利己，还要利他，人们称之为善。

这都是利益的安排。

什么叫道德？善里面就有道德。当说一个人道德崇高的时候，只不过指他做事情的利益指向、利益结构符合比较大的范围的人类整体利益。

就是这样一个含义，再没有别的虚伪解释了。

为了民族的利益献身，崇高。也可能那只是本民族的利益，其他民族不会认为崇高。两个民族发生战争时，本民族的利益特别崇高，手段可能是置敌于死地的。有些民族纠纷并没有正义与非正义之分，就是互相乱打。世界上这种乱打多了。

在这个意义上讲，道德本身也是有层次的，是相对而言的。比如本位主义。为了一个团体的利益，在这个团体内就被认为是道德的。但两个集团之间有矛盾时，忠于本集团的人在外集团的眼里则完全要被否定。

国家之间也是一样。

所以，道德的判断，善的判断，正义与非正义的判断，其本质都是人类的利益判断。只不过利益有整体和局部之分，有全社会、全民族、全人类和个人之分，有小集团和大集团之分，有不同层次之分而已。

这种透彻的眼光是了解人类社会必要的智慧。

人类在一些问题上坦然一点反而比较好。

有的人做生意说得洋洋洒洒一大片，简直就是全为你考虑。这只不过是狡猾而已，把他的利益隐蔽起来。比较质朴的说法是双方都有利

益,合作就是对双方都有利。要把利益的关系划分得比较清楚,比较坦然。

9

要看清利益运动、变化、转化、升华的规律。

利益在不断地运动,不断地发展变化,不断地分化瓦解,不断地重新组合,不断地转化、升华为各种崇高的事物与说法。

10

利益是人类社会的范畴,它也有双重性——自然性和社会性。

但就人类而言,利益本质上具有社会性、文化性。

11

利益同时又是概念的、符号的、语言的存在。利益的运动相应地有概念的、符号的、语言的运动。

概念的、符号的、语言的空间是负空间,是虚空间。

12

利益可以更哲学抽象化。

利益可以进入植物、动物世界,还可以进入物理世界。

13

看清了所有的利益,看清了利益的各种表现形式,比较智慧的态度就是要做到这样几点:

第一,看清利益,不被迷惑。

在生活中看清各种利益关系,在这方面做到比较智慧,比较清醒。在利益面前坦然平和,不被迷惑。

第二,看清自己全面的、完整的利益,看清自己长远的、根本的利益,而不被眼前的小利小益所蒙蔽。

第三,明白自己的利益,又不执着于自己的利益,关心人类社会的整体利益,关心人类社会各个层次的整体利益,如集体、民族、人类,明白自己的责任。

确立自己在社会利益结构中的正确位置。因为一个人长远的、根本的利益是和整个社会不同层次的整体利益相联系的。

第四,寻到相应的道德崇高感。

认识到整个社会的利益结构,认识到自己的长远利益,认识到整个人类社会的利益,同时也就相应地找到自己的道德崇高感。要进入这种崇高感,并且升华到比较高的位置。

有不同层次的崇高,有不同层次的道德。

智慧的人应该能够使自己进入比较高的崇高感。

所谓最崇高的感觉,至高的崇高感,实际是和人类整体利益、长远利益的一种结合。

并不是所有的人,甚至并不是大多数人都能进入这种境界,一个比

较智慧的人应该能够进入这种状态。

第五,对所有利益(个人的,集体的,道德层次上的)都不执着,都采取求又不求、为又无为的态度。

它表现为儿童的快乐状态,玩耍状态,自由自在的状态。

14

古人讲,修身齐家治国平天下,其实就是对各种利益层次的概括。

我们在世界上生活,首先要做一个在社会洞察方面很聪明、很透彻的人,把社会的各种利益关系看得特别清楚,绝对不会被各种愚蠢的宣传所迷惑。

从古到今有各种形式的愚蠢宣传,蒙人的把戏。

社会的利益结构中,一个人生活的合理位置牵扯到自己的细小利益及重大利益,牵扯到个人和社会的整体利益,整体利益又转化为道德和崇高感。要把这一切都看得比较清楚。

希望每个人都能够找到与至高无上的崇高感相联系的人生利益安排。

找到这种安排,还不是最高境界,还要找到一种状态,用古人的语言叫做"不勤不忘",就是意守又不意守,努力又不努劲,有追求又不死求的感觉。

这种感觉是比较微妙的。

对世界的利益结构看清楚以后有什么好处呢？

能够处之泰然。

只要入世生活，就不能是完全不管利益的态度。你不可能不考虑利益，不可能不考虑身边的利益结构，也不可能不考虑到个人的利益。

有两种错误做法，一种是执着于争取某一种利益，还有一种是什么利益都不要。

并没有一种真理告诉你什么利益都不要。什么利益都不要，你怎么活呀？

对待利益要找到正确的态度。

禅就是对天下万事采取正确的态度。

禅不吃饭吗？吃饭。禅不睡觉吗？睡觉。

禅是什么呢？就是自然的状态，平静的状态，祥和的状态。

当看到利益的时候，最正确的态度就是对利益采取最自然的状态。

比如坐公共汽车，最自然的状态就是交钱买票。这时你与司机谈禅是最不禅的。买票坐车，这叫肯定对方的利益。如果一谈禅就不考虑利益，白坐人家的车，不过是只看到自己的利益而已。

一个人到街上对不相识的人说，这个录音机我不要了，白送你。人家会认为他有毛病，甚至别有用心。

正确的做法是，先要把社会上的利益看清楚，然后对利益采取绝对中性的概念，千万不要把"利益"看成坏词。"利益"是个中性词，这样认识"利益"二字就是不执着。"利益"是很平常的概念，很平常的存在，一

定要把利益带上什么色彩就是执着。

　　各种各样的利益:隐蔽的、公开的,精神的、物质的,都是玩具,如此而已。有眼前的利益,有长远的利益,有个人的利益,有社会的利益,有人类的利益,面对如此多的利益,怎样玩得更好,玩得更开心?

　　找到一种崇高感。关心人类至高无上的利益。同时,又不忽略个人的利益,融在其中。这种感觉要品味。这叫人生的一种"应对"。

　　就好像古人对诗,没有准备,不用准备。但是一进入那种状态,就很好地应对了。

　　对利益也是个应对。世界上有很多利益,和世界怎么对话?

　　应对得自如、自然,成为一个艺术作品,而已。

　　应对的状态好,不需要多衡量。除了这个世界对你的判断不错以外,就是你自己要处在很好的状态。不论是从通常意义上讲,还是从超脱意义上讲,都处在特别好的状态,你就应对得好。

　　应对得不好,就会满身是病。病是广义的。着急是病,贪婪也是病,成天生气也是病,成天不平衡也是病,成天无聊还是病。

　　实际上,天下所有的利益结构,你在利益中的位置,你处理的各种事物所含的利益关系,不过是一个格局,一种局面,一种流动,一种存在,一种逻辑,一种玩具而已。也是一个创造,一个语言,一个叙述。

　　对此要有顿悟,从今天开始,在利益的问题上独具慧眼。

四 ｜ 对待金钱的平常心

1

利益表现、转化为许多范畴,如道德。

利益与许多范畴相联系,如权力。

在与利益相关的范畴中,有一个范畴是几乎每个现代人都不能回避的巨大存在,那就是金钱。

这个世界不用金钱生活的人可以说很少。

连宗教也和金钱有联系。需要化缘,需要有人捐款。

希望朋友们在金钱问题上能够走出误区,独具慧眼。

2

对待金钱,人类社会几乎有一万种畸形的心理和误区。

对金钱的爱憎、亢卑,对金钱的崇拜与畏惧,对金钱的莫须有的虚荣与轻视,在金钱面前的疯狂、丑陋、犯罪、扭曲,在金钱面前的拘谨、腼腆,在金钱面前的狂妄自大,在金钱面前的奴颜婢膝,关于金钱的种种嫉妒与不平衡,在金钱面前的各种厚颜无耻,对金钱的各种暧昧、回避、虚假,

关于金钱的各种累、各种负担，关于金钱的各种焦灼、烦恼、恐惧、愤怒、紧张，关于金钱的各种疾病，关于金钱的各种痴迷，关于金钱的各种心理、精神乃至行为的误区。

这个世界上，在金钱问题上毫无疾病的人非常之少。

在金钱问题上毫无疾病的人，必定是整个生活都毫无疾病的人。

没有找到对待金钱的合理态度，没有找到对金钱的平常心，侈谈什么禅？

当一个人对钱财贪婪得难受时还在学禅，是假的；当一个人想钱想得难受却说不出口的时候，谈禅还是假的。

对钱的平常心，是现代社会平常心的一个标志。

对金钱的亢卑心理与对人的亢卑心理一样，有钱的人拿着钱是很亢奋的感觉，钱少一点有自卑的感觉。钱少的时候往豪华柜台前一站，就有一点自卑。在那一瞬间心理肯定是扭曲的。这是每个人都有体验的。

在金钱问题上做到不亢不卑很难。

对金钱的崇拜与畏惧叫畸形，叫变态；在金钱问题上莫须有的虚荣与清高也叫病。钱少了不平衡，钱多了狂妄，都是病。

在金钱面前的贪婪、丑陋、犯罪，是疾病。在金钱面前的拘谨、腼腆，也是疾病。

一个作家，出版社要出他的书，他不好意思谈稿费。这种腼腆也是病啊。其实他想要稿费，只是不好意思张嘴。人家给少了他不愿意，可是又不好意思说少。

贪婪是病，腼腆也是病。

做生意成得了成不了，心理上特别紧张，这种紧张也是病。搞经济要用无病的方法把它搞好，有病是搞不好的。

不平衡也是病。本来应该把挣钱看成一种玩耍，能挣钱就挣，挣不来钱也不要着急。着急也是个苦恼，也是个病。

钱多了烧得不行，也是病。

所有这些对待金钱的不正确态度都是疾病。在金钱问题上，人类真是有一万种误区，一万种畸形，一万种扭曲。

在金钱问题上做到不亢不卑，与待人接物做到不亢不卑是一样的。

要找到对待金钱问题的平常心，确实需要对金钱有清醒的透视。

3

学过一点政治经济学的人对金钱发展的历史都有大致的了解，可是，很少有人把货币史当成活生生的东西来掌握。

金钱有其历史。经济学家对货币的研究与揭示，是人类认识文化、解剖文化的一个典型角度。它深刻阐明了货币（金钱）作为商品的一般等价物如何产生的历史，又如何发展为左右社会的庞大资本运动。

从原来没有商品，到有商品，到商品需要一般等价物；从物物直接交换，到一般等价物，到形成货币，到货币转化为资本，到形成现在这一整套覆盖社会的机制。

货币的历史或者说金钱的历史，很典型地表明了人类文化的历史。

人类的文化也是这样由无到有，由简单到复杂地发展起来的。

人类社会中的很多东西都是这样从无到有生长起来的，然后覆盖整个社会，支配整个人类，使人不可自拔。

一定要看清楚这个从无到有、从简到繁的历史。

4

金钱是一种文化存在，是一种社会存在。

金钱同样在自然之中，又不在自然之中。

金钱是人类文化的重要缩影。

5

金钱在一定程度上可以衡量、标志、代表所有利益。从这个意义上讲，金钱是万能的。金钱是相当多的利益的一般等价物，也由此表现出了它的"万能性"。金钱在目前这个世界上几乎可以转化为所有的利益。

从这个意义上讲，"金钱万能"这句话有一定的道理。

金钱可以买来健康吗？不能说绝对可以，可是在一定意义上能买来。

金钱可以让生活条件好一点，在空气新鲜的地方旅游，生病以后得到很好的调理和治疗。这些对健康有好处，对寿命也会有影响。这即是金钱在一定意义上可以买来健康。

金钱还可以买来尊严。他是个老板，你们是文化人。他今天说给你们赞助一千万，马上就能买来尊严。文化人会给他唱颂歌。有时候不用一千万，一百万就差不多。所以，尊严也可以买来。

记住，这是一个很特别的世界，很多东西，很多利益——广义的利益，在一定意义上都可以由金钱转化而来。

看清这个没有坏处。

在这个问题上我们不虚伪，不遮掩。

6

另一方面，金钱的力量又不是万能的，是有限度的。

任何具体东西都是有限度的，无限存在于有限之中。这个限度在什么地方？

即是还有相当一些利益是金钱买不来的。

金钱只能够有限地带来健康，延长寿命，但是，它在很大程度上又无法买来健康与寿命。不治之症常常花多少钱都治不好。一个人钱再多也不能活到四百岁、五百岁。

有很多感情、精神，金钱也买不来。

有些人的决心和意志，花多少钱都买不动。这样的事实也是客观存在：很多有信仰的人，金钱对他就不起作用。

这个世界的感情、爱情，在一定意义上金钱能购买；可在一定意义上还是不能购买。

这就是金钱的无限和有限，万能和局限。

那么，人应该做到这样：对金钱的所有万能表现都了解，都能够看清楚，在这方面绝对不使自己的认识受局限。千万不要因为害怕承认金钱的万能性，而不敢看清楚。不但不害怕，而且要比一般人更善于洞察。你就是憎恶金钱、想要消灭它，也要先看清它是怎么回事才能憎恶和消灭它。一定要看清楚金钱的所有转化形式，同时又能够比别人更清醒地看到金钱的限度在什么地方。

就像分析自己一样,你的能力在哪些地方,所有的能力都要开掘出来,同时知道自己能力的限度。

有人对自己的能力从来就没有发现,这是多么大的愚蠢;可是也有人不知道自己能力的限度,也很愚蠢。

人们常常会犯这种错误,不知道自己力量的限度,做不该自己做的事情,结果是伤了自己又伤了别人,事情也没有做成。

所以,了解金钱的所有能力和了解金钱能力的限度,是一种智慧。

这个智慧适用于对待一切事物。

了解任何一个事物、任何一个人的所有能力,同时知道其能力的限度,这绝对是一种智慧。

金钱既然是有力量的,能发动战争,也能带来和平;能散播慈善,也能制造罪恶。

金钱是一种权力。用金钱可以做世俗社会的绝大部分事情。

所以,善于使用金钱,运动金钱,集散金钱,是世俗社会的最大游戏之一。

在这个世界上无论是慈善事业、卫生事业,还是环境保护,都需要金钱的支持。想做好事的人善于集中金钱也是必备的能力。做最崇高的事情,其中有一个步骤,也是集散金钱。

要掌握集散金钱的艺术,首先需要对金钱看得比较透彻。

一个文化项目,表面看是花钱的项目,可是为什么有人愿意赞助它?

因为它能扩大赞助方的影响和知名度；而这种影响和知名度是可以转化为金钱的。

对这里的金钱转换要看透。这是非常简单的事情，只要你敢看，一眼就能看明白。看透了以后，不在意就是了。

如果说有一个项目能够使中国几千万家庭发生变化，这几千万家庭本身就会支持你。这个操作本身带来的文化结果国家要介入，大量的企业还要介入，因为能够给它们带来效益。

有各种各样的经营策略，各种各样的宣传方式，各种各样的广告效应，各种各样的金钱转化。

要善于看清金钱在这个世界中转化的各种隐蔽方式。

在处理金钱问题时，平常心是非常好的状态。

不要以为做文化就是单纯的文化操作，运作金钱也是做文化的重要手段与步骤。在这一问题上不仅需要透彻的眼光，还需要在操作中寻找相应的智慧。

连接一个社会，连接一个巨大而崇高的事业，仅凭道义是不可以的。即使是对道义的宣传，也离不开金钱。

很多事情要通过金钱来连接。

对金钱的平常心不仅是在生活中的平常态，在做事的过程中也是平常态。像谈平常的事情一样谈论、运作一个伟大的事业。

只要想拥有这种平常心，你就能够做到。这不是很困难的事情，有可能一天就能变过来，很容易。

人在金钱问题上应该达观，掌握运转金钱的智慧之后，平平常常地运转它。

8

现代人都想发财，可是有一个真想发财和假想发财的微妙区别。

"真"想发财的人才能发财。

这句话很多人听不懂。因为很多人特别想发财，可是发不了，发不大。而这些人往往十分着急。

什么叫"真"想？什么叫"假"想？

有的人特别想长寿，就是活不长。为什么？

特别想活得长，就老怕死，怕这怕那，结果反而活不长了。

"真"想的感觉不是这样的。这个"真"想是很有意味的。

比如切菜，有的人切菜结果把手切了，不是技术问题。很奇怪，切菜为什么把手切了？有可能这个人不情愿做家务就把手切了。切手是不做家务的最好理由。

也有可能，切手是一种自惩行为。

还有可能，切手是表明自己疲劳的无声语言；切手是释放自己烦乱的一种语言。

心烦意乱，把桌子砸一下是个表现，把门摔一下是个表现，把手切伤也是个表现。

自伤、自残，有时候是发泄愤怒、表达情绪的一种方式。

切手也是这样。人做生意，想发财，想把项目做成，结果"把手切了"。

为什么？有很多原因不让他做成。

这是奥妙。

明明是想挣这笔钱的，可在做项目的过程中，觉得挣这笔钱有罪恶感；明明想把这个生意做成，可是做事的过程中伤害了很多人，内心的不安让你"切了手"；明明想挣钱，可是怕挣了钱以后，企业内部混乱，形成矛盾，这个情绪干扰你，就把你挣钱的目的破坏了；明明想挣钱，可是怕挣了钱以后带来很多烦恼，也可能就挣不到钱。

人有各种各样的念头，在你这挣钱的一念之外还有一万个念头。

你想入静，一念代万念，可还剩三五个念头在心中捣乱，这一念就成不了。想一念代万念，有三五个念头就把你干扰了，还用一万个念头吗？

你倒是想创造，可是一个怕失败的念头就把你的创造状态破坏了，你还能创造什么？

你想写字，念头一歪想起什么事，底下这一笔就写错了。

所以，想发财的人如果成天发愁，愁一些乱七八糟的事情，哪有财可发？

这都是一种微妙，很多人不自觉，还有的人专门有这种受虐心理，愿意受苦。很奇怪，这个世界上有人就愿意受苦，愿意要那个苦劲儿。

要用这种眼光洞察身边的各种人。

当一个企业、一个家庭的人都喜气洋洋了，财就发了。

喜气洋洋就可以代一万个念头。无论你面临着什么，做生意或是写一本书、画一幅画是一样的。只要你愿意把它当做一个创造，都要进入这种状态。

这种状态就是切菜不要切手。

切菜切手是什么呢？很多事情看着就要成了，却在一个微妙的地方失败。

可是如果做得好呢，事情老在这个微妙的地方成功。想成事，它就

成了。

许多人并不都是不想做事，但是，有些人不叫"真"想。

这个"真"想不是只有一个欲望，只有欲望是没用的。

"真"想就要进入那种单纯的状态，没有其他念头在无形中干扰。

在发财的问题上，在金钱的问题上，很多人是有病态情结的。

9

为什么有病呢？

因为对金钱有罪恶感，有羞耻感，有各种各样的不安感。

应该没有这些"感"，金钱只是连接事物的一个方式。有的人拿它剥削人，有的人拿它制造罪恶，我们不同，我们拿它来做事，对这个问题确确实实要单纯到自己理直气壮。

要进入这种状态。知道天下任何东西都是可以转化的，并且善于做这个转化工作。不耻于谈金钱，谈金钱的时候那么平和，那么轻松。

在当代社会，不仅产品可以转化为金钱，产品的包装可以转化成金钱；知名人士、专家的可信度也可以转化成金钱。各种各样的金钱转化方式，要善于把握。

这个世界上，有些人在金钱方面特别贪心，有些人在金钱方面特别虚伪，各种各样的病态。我们没有病，钱多了烧不着，钱少了也不难受，不亢不卑。掌握金钱运转的规律，用金钱和金钱的转化为人类做各种事。

在当代社会做事情有很多连接方式，一种方式就是道义上的连接，它隔了好几层，隐含着金钱。

道义感本身也是一种利益,有的时候还是金钱买不来的利益。

在做一项崇高事业的时候,应该是什么手法方便就用什么手法,并且心里没毛病。

在现代经济操作中所谓的智慧,就在于看清楚和看不清楚的差别。有的人是根本不敢看清楚,或者理智上看清楚了,精神上还有障碍。只有在这方面彻底看清楚了,才能玩得精彩。

如果理智上看清楚了,那么,对待情绪上、情结上、精神上、道德上的那种滞留,可以采取下面这种方法:

首先,设计出个人的长远利益,同时不滞留于个人利益,要看到整个人类的利益,在看到人类利益的时候找到崇高感。要找到自己人生至高的崇高感。

这种崇高感又不是死板僵硬的,而是一种好状态。留一念在心中,一种洋洋洒洒的感觉。只有这样才能够在长久的人生中找到好感觉。

即使作为普通人,金钱问题上的平常心也会使人少很多心理不平衡,少很多累,同时多了点金钱上的洒脱和自由,多了点金钱运转的智慧。也可能在生活之余做成点事情。

金钱是生活中不能回避的问题。对金钱的贪图是病,对金钱没有道理的拒绝也是病。

当天下所有的东西都在流动的时候,金钱也应该流动。对于属于自己的金钱应该这样看:它们是我的,又不是我的。

人经常要审视自己,当你对金钱采取一个透彻的平常心,就不会受它干扰。不管你有钱没钱,都要进入这种感觉。即使你给自己规定静修二十年,也需要在金钱的问题上不受干扰。

如果你现在想做一件事情,要运用金钱,就要善于把做事和运动金钱通融起来,运用得那么平常,使得它不成为你的负担。

安贫乐道。

安富乐道。

达到特别自在的状态。

金钱可以和许多事物相互转化。

金钱的运动与社会的物质运动、符号、概念、思维运动相联系。

11

运用透彻的金钱眼光,以此衡量现代社会各种权力,各种力量。

12

也可以以此衡量、估计社会上各种财富、资产,有形的财富与资产,无形的财富与资产。当用金钱的单纯眼光来衡量时,就有了通融的聪明与洞察。

13

当社会的利益关系都单纯为金钱关系时,人类既是堕落了,也是进步了。

金钱使一切关系简化了,也赤裸了。

少了艺术,多了数学。

14

丢掉金钱问题上的一切畸形病态的观念,才能以平常心实事求是地对待金钱。

金钱既然是文化的存在,既然是诸多利益的一般等价物,既然是人与人、人与物之间的关系,既然是结构社会的一种联系,既然是一种权力,金钱就表明是对一种社会力量的支配,表明对一种物质、精神财富的占有,表明人的劳动,表明人的创造,表明劳动的价值,表明多种交换的契约与轨迹。

可以用组织、运作、集散、调动金钱的方式来改变人类社会。

运用金钱可以作恶。

运用金钱也可以为善。

15

那么,善于透彻地透视金钱,能够把社会的金钱与金钱的社会都看透,看穿,随心所欲地运用、集散金钱,就是平常心。

16

平常心要求你看重金钱,又看轻金钱。不贪、不奢、不执着,轻松自在地对待它、玩耍它,这是入世的自在。

17

金钱是一种流动,是一种运动,是一种关系,是一种符号,是一种语言,是一种变幻无常的法相,任其在身边流动、变幻、集散,心不住不染,如露亦如电,应作如是观。

18

金钱是当代社会的一大魔相,是常常诱使人走入误区的一大事物。在金钱问题上洒脱了,自在了,也是一种入世的修炼。

五 性爱·爱情·情感

1

性爱是入世之人的一大生活内容。在此陷入误区还是智慧,是个大问题。

性爱只是一种爱。

广义的爱是更为宽泛而巨大的事实。

对自然,对生命,对社会,对他人,对人类,对民族,对科学,对艺术,对世界的一切,都可以有爱。

爱只是一种情感,爱以外还有其他各种情感。

情感是人生面临的巨大问题之一。

情感在一定程度上又和利益相连。

请朋友们进入俯瞰人生的角度,透视人类历史与此有关的记载,一目了然地进入这个话题。

无论是男性还是女性,无论是年轻人还是中老年人,想活得自在,成为智慧的人,必须在这个问题上有足够的明白。

对待利益,对待金钱,对待性爱,都需要平常心。

关于这些,社会上充斥着大量书籍,有的烦琐,有的片面,有的狭隘。对性、性爱这两个词,首先把自己心理上的所有避讳都拿掉。

性是比金钱更让人避讳的字眼。要有这个智慧,要不就是受此困扰的傻瓜。

应该这样说,性与金钱一样,是人类最有病的领域之一。

人类每天都生活在这个巨大误区之中。

2

考察中国文字"性"的含义,是有着深刻启示的。

在这里,我们不讲其古代的含义,就讲延续到现在,"性"在词义方面有哪些应用范围,从而透视生命本源,透视文化整体。

性别,是我们总结的第一个词。

男性,女性;雄性,雌性。

在讲到雄性、雌性的时候,还要注意,不仅动物,我们对植物也是这样划分的。

一切有性生物都是从无性生物演变而来的。

在讲到动物的有性繁殖时,还要讲到无性繁殖。有性繁殖从无性繁殖发展而来,无性繁殖是低级形式,有性繁殖是高级形式。有性繁殖高于无性繁殖,是高级阶段。

无性繁殖从某种意义上讲是一种雌雄合一的繁殖方式。

古人修炼不是讲返璞归真吗? 就是要归到不分的时候。

这都是奥妙。

"性"第一个概念,就是性别的概念。

3

和性别相联系的第二个概念,用我们中国的词典解释,就是有关生物(人、动物和植物)的生殖或性欲的内容。

包括性欲、性交、性器官、性生活。

性欲是重要的生命现象。

4

第三,就是通常所说的人的性格、个性、天性、耐性、品性、性质、性情。

在这里,与性别、性欲、性器官、性生活不是一回事了,但依然使用"性"这个字,意味是什么?

当人类在不同领域内用同一个字词的时候,反映了人类对它们相通之处的敏感和微妙的把握。也就是说,当我们讲到人的性格、个性、天性、耐性、品性、性质、性能的时候,与我们讲的性别、性欲、性器官的"性"有相通之处。

这话有一点深刻。

比如男性和女性是性别之分,男女在性格上是有差异的。

如果只是男性,那么男性之间也有差别。比如说,这个男性带女人气。

性格的差异,和男性的性特征、性观念的差异是密切联系的。

一个人的性格还与他(她)的性发育状态有很大关系。

就是说，人的性格、个性、天性、耐性、品性之"性"，与前面所讲的那个"性"之间有联系。

这种联系还很多。

性别意识与这个人的整个性格、品性、生性都有着非常内在的联系。

5

动物也有个性、生性、性格、性情、兽性。

动物园里挂着一个牌子：这种动物生性凶猛。

动物的这些东西就相当于人的性格，之所以用这个"性"，和前面的那个"性"又有相通之处。

相通并不等于完全一致，这个相通是非常微妙的，是联系，是相应，是一种很特殊的东西。

就好像你创造的东西和你的审美具有相通之处。你是美术家，你设计的封面和你的性格具有相通之处。这个封面并不是你，你也不是这个封面，但它们之间有相通之处。

当说动物的性情、性格和人的性情、性格有相通之处的时候，并非说这是两个完全相同的东西。

6

植物也有生性，也有性子。

很多年前，一个小木匠对我说，这个木头因为被火烘烤了，所以没性子了。刚刚砍下来的木头是有性子的,有弹性,会变形,会扭曲。所以做家具前先要对木头进行烘烤,它经过烘烤以后就变得没性子了。当说木头没性子的时候,让我联想到把动物骟掉。

　　动物一旦被骟,不论雄的雌的,全都变成没性子的东西,只知道吃,只知道长。木头经过烘烤也没性子了。

　　它特别触动我对生命本源的感觉。

7

　　中草药,包括各种各样的矿物、草木、植物,都有性味之说。

　　药性如何? 为什么这里又有"性"?

　　这个"性"在中国语言中到底是对什么东西的高度抽象?

　　这种高度抽象的结果就是把所有本源相通的东西给抓住了。

　　概念就是这样在抽象中形成的。抽象得越高度,使用的涵盖面就越大。

　　中草药都有性味。不同的植物、动物、矿物质在进入人体的时候,表现为不同的性味。

8

　　那么,万物的性质、性能、性状、弹性、碱性、酸性、油性、黏性、导电性、绝缘性,各种各样的自然属性都用一个"性"字来概括。

　　金属已经是非生物了,依然用"性"字来概括它的自然属性。

　　人类在哲学上的抽象、概念上的抽象是和意义有关的。

9

　　此外,在人的精神、思想、感情方面依然用这个"性"字:思想性、阶级性、纪律性。

　　更广义的社会文化判别,也用这个"性"字:批判性、建设性、破坏性、保护性、恶性、良性、进攻性、防守性、商业性、军事性、政治性、外交性。

10

　　对世界万物、对医学检测、对词语,分:阴性、阳性、中性。

11

　　中国古人讲"性命双修"。

12

　　当我们讲了"性"字的十个层次的用法之后,这里有非常深刻的、在一定意义上是逻辑判断的东西在里面。

　　性欲之性、性别之性与男性、女性、雄性、雌性之性有一种内在的联系,内在的同一。肤浅地说,狭义的性欲之"性"是广义之"性"的一个非常重要的部分。

　　这种概念上的联系必然同时反映着实际意义上的联系,这是一种非常深刻的说法。

一个人在性别上的特征（男性、女性），在性爱方面是否健康和是否有疾病，与其广义的"性"，即这个人的性质、品性、性格，都有一定意义上的相关。

也就是说，一个人在性欲、性爱方面是否健康，无论是自然生物性，还是社会文化性，都与他广义的"性"有联系。

这是审视性爱之性的时候，一个非常广义和哲学化的概念。

性、性欲、性爱对人类来讲不仅是自然的、生物的存在，更是社会的、文化的存在。不仅是生命现象，更是文化现象。

正是在这个双重的意义上，狭义的"性"与广义的"性"之间有着某种特殊的全息对应。

狭义的"性"状态与广义的"性"状态是全息对应的。

前者是后者的缩影，后者是前者的发展。

这里有数不清的说明。

真正透彻地而不只是概念地把握狭义的"性"与广义的"性"之间的内在一致性。在直觉上、在感觉上、在总和上、在本质上把握。

懂得这一点，也就懂得了生命的奥秘，懂得了古人修炼的奥秘。

当现代人在性的问题上做出各种回避的时候，这是一种文化的回避。我们要超越这种文化的观念，来论述和解决人类深层存在的问题。

动物的性活动对人都不回避。动物不懂得回避，没有羞耻感。

14

在文化学方面，"性"与文化的关系是两个相应的方面。

第一个方面，就是文化对它的决定作用。

性在相当程度上是文化的存在。就好像你爱一个人，不光是爱他的生理，也是爱他的整个文化存在。

可以说，人的狭义"性"状在很大程度上受社会文化的影响、塑造、制约和决定。全部社会文化都可能对人的"性"状产生影响、制约、塑造和决定。

性是否有病，是否健康，在很大意义上是社会文化问题，这里有数不清的因素、环节和事例。

文化的全部都可能全息缩影在人的"性"状上。

一个人的"性"状（性功能、性爱、性心理、性生理、性生活……），确确实实决定于他的社会文化经历与环境。

这是非常深刻的结论。

因此，从这个意义上讲，透视了一个人的"性"状，就能在某种程度上看到他的社会文化经历与环境。

大街小巷贴满了各种治疗性功能障碍的广告，可以这样说，相当多的性功能障碍并不是天生的，都产生于文化原因。文化可以造成人在性方面的放纵；文化可以造成人在性方面的压抑；文化可以造成人在性方面的各种扭曲、变态、性错乱。这些都是由我们的观念、我们的生活、我们的社会关系、我们的家庭造成的。

总之，是人类的文化造成的。

15

第二个方面，反过来，一个人的"性"状（性生理、性心理、性生活的全部）又必然在一个人的所有性格、个性、社会活动性、整个文化性方面表现出来。

如果在性方面有症结，也将全部反映出来。

性方面扭曲的、变态的、畸形的文学作品比比皆是，艺术作品更多。性方面的正常与不正常、健康与不健康、这种病或那种病、这种障碍或那种障碍，在文学艺术中到处都在表现。它不一定表现在描写性，它还表现在有些根本不是性主题的描写中。再延伸说，在一切作品中都有表现。

一个人的社会行为、政治行为、宗教行为和他在这些方面的作品，都可能表现出他在性方面的状态。

有的作品一看就是阳痿作品，有的作品一看就是性变态、性错乱作品。在文学艺术作品中看得特别清楚。

在政治、社会行为中一样表现出来。

在性方面的各种不正常状况，比如阳痿，性错乱，性变态，性的焦虑、懦弱、妄想、苦闷、压抑、痛苦、不安、紧张、自卑、狂妄、罪恶感、施虐、受虐、放纵、报复性等疾病，都可能（也必定）在一个人的性格、个性、品性、思想、行为、作品中表现出来。没有例外。

一些十分残忍、病态的人，就因为他在性方面也是病态的。

这是比较深刻的生命现象，也是比较深刻的文化现象。认识这些，无疑需要超出自己人生的范围来透视整个人类社会。要解决人类的问题，对人类生命方方面面的文化现象都要关心。

人类在利益问题上是一大误区,有很多疾病;人类在金钱问题上是一大误区,有很多疾病;人类在性的问题上也是一大误区,也有很多疾病。

仔细体味一下,都能找到这种对生活的观察角度。

人类在生活中有很多不能回避的东西,还有很多讳言的问题,其实都是人类面临的巨大现实与误区。疾病就充斥在这几大误区之中。

在金钱问题上存在的各种疾病,在性的问题上也都存在。

16

性爱只是"性"状的一部分,是性的一个部分。

因为性有多种形式,不仅有爱,还有疾病,像变形、扭曲;那么,性之爱是性状态的一个组成部分。

因为性爱不只是自然生物现象,更大程度上是社会文化现象。

爱一个人,不仅是爱他的体貌、生理条件,也是爱他的个性、性格、气质、才能、综合文化素质、整个心理条件。

这种心理状况又和生理状况密切相关。对于人类来讲,连生理状态都带有文化色彩。没有纯生理的体貌,体貌也是文化的。

同样一个人,心态好,有爱心,他的相貌就可能舒展,好看。双胞胎从小生下来差别不大,但放在不同的文化环境中培育,相貌就可能产生很大的差异。

恋爱时,人们不光是爱一个人的体貌,爱他的心理及文化素质。

还爱什么?爱他的作为,爱他的名声,爱他的地位,爱他的荣誉,爱他的金钱。这都是文化现象,社会现象。

这一切(作为、名声、地位、荣誉、金钱)是一个人生理、心理条件与机缘的合成。从这个意义上讲,爱以上的因素也有点道理。

比如他是个大画家,画画得非常好,爱他在很大程度上就是爱他的绘画艺术,爱他的作品,爱他的成就。当地位、作为、金钱是一个人才能、素质的显示与标志的时候,爱前者与爱后者是一致的。

爱一个人有才能,而这种才能取得了成就,这时候爱他的成就和爱他的才能是一个意思,无可非议。

当然,世界上还有由机缘造成的成就和财富,这时候爱他的成就与爱他的素质是分离的。

当两者分离时,爱一个人的地位、金钱、作为,可能爱的是他的机缘。那是另外一种爱了,和他的素质无关,可能是一种短期行为,因为这个人明天也可能没有地位和金钱了。这种爱只是一种利益的权宜。

所以,爱一个人,不仅是爱他的自然属性,也是爱他的文化社会属性。而他的文化社会属性包括他内在的素质和外在的机缘造成的一切。

一个人的成就、名声、地位、才气、作品、创造,是他的素质和机缘综合而成的。当一个人没有成就只有素质的时候,那么,现在爱他的素质,也包括期待着以后爱他的成就。

这种分析是比较彻底的,一步到位的。

当一个人洞察力不够的时候,他(她)所爱之人现在的成功可能就是其才能和素质的全部。也许有人只看到这一点,把对象表现出来的东西作为对他素质的判断,以为自己爱对了。只此而已。

有的人可能不管那么多,只爱他的财富,爱他的成就,爱他的地位,至于他明天有没有另当别论。

明白了这些,就会生出第三只眼。

17

性爱是重要的人生利益之一。

性爱是个非常宽泛的字眼，不一定是具体的性生活、性行为。同性和异性之间有一种特别爱的感觉，也叫性爱。

对这一人生的特殊利益，无论是自己的，还是他人的，能够透视、能够重视、能够正确处理，无疑是人生的重大课题。

不承认性爱是人生重要的利益之一，就不能理解在这个问题上人们为什么常常会有很激烈的冲突。

18

性爱与广义的爱的关系。

也就是狭义的"性"与广义的"性"的关系。

也是一种特殊的全息对应。

广义的爱在有的时候是狭义性爱的扩展。

譬如对自然的爱，肯定是最崇高、最圣洁的。然而一分析就清楚其与性爱的联系了。

一个作家描述，"西湖像个美丽的少女"，如果运用这个比喻的是个男作家，他已经对西湖施以性爱。他在观察的时候，已经把世界分成了不同的性别。"河流是那么温柔"，用温柔这个词，表明他已经把河流视为女性了。

当一位男性说，山这么伟岸，含着男性的自我欣赏；当一位女性说，山那么可靠,她把山当做男人的臂膀;当女人说,太阳就像父亲,她把太阳当做世界上第一个崇拜的异性;当男人说,黄河是伟大的母亲,他把黄河当做第一个崇拜的异性。

注意,在对自然的爱里隐含的所有比喻,都是带有性角色、性意味的。

当看到柳枝在春风中飘动的时候,男性说,它多像婀娜多姿的美女。他在一瞬间潜意识已经进入性角色了。

对自然的爱尚且如此,对其他事物的爱呢,与性爱有没有联系?

对艺术作品更不用说了,艺术作品本来就是自然作品的一个表现。

画家画人物就不用说了,当他画一棵树、画一幅山水的时候,男性和女性在欣赏这幅作品的时候,都有性的判断含在其中,这是不由自主的。

家庭中,就像弗洛伊德分析过的,女儿对父亲的特殊眷恋,儿子对母亲的特殊眷恋,用深层心理学分析,父亲是女儿接触的第一个异性,母亲是儿子接触的第一个异性。这里的性角色和性意味是非常明显的。

至于在现代社会中,当异性之间产生微妙好感的时候,即使这种好感是非常纯洁的,性的色彩也是充斥其间的,没有一个人可以例外。

否认这一点,要么是愚蠢,要么是伪善。

那么,既然对生活中所有人的爱,都有可能与性爱有某种微妙的联系,对大自然的爱都与性爱有微妙的联系,我们所说的广义的爱,对待一切事物只要使用爱这个字眼,其中就有相通的意义。

爱有多少种用法,一定和以上讲的性爱有相通之处。

从性讲到广义的性,性能、性质、品性;从性爱讲到广义的爱。这种展开远比一般的比喻更丰富,更宽泛。

性爱方面的状态也将在广义的爱中表现出来。

没有性爱的人，也就没有爱。

一个人可以不结婚，可以没有情人，可以没有性生活，但是不可以没有性爱，即对异性那种好的感情是不可以没有的。终生可以不结婚，终生练童子功也可以，但是他对异性没有爱是不正常的。一个人没有对异性的性爱，却说他具有对整个世界广大宽泛的爱，是不可能的。

所以，没有性爱之人不会有爱。

性爱健康与否、正常与否，与他一般的爱健康与否、正常与否有很大关系。

爱，是身心健康的产物。爱，是身心健康状态的度量。

一个对异性病态的人，他对整个世界很难是健康的。

对于异性都缺乏正确态度，对整个世界有正确态度是不可能的。

性爱病态之人，对生活、社会之爱必然也是病态的。

性方面的病态常常与一个人的尖酸刻薄相关，也常常是残忍的原因之一。

一个人对于异性变态、畸形、施虐、残忍，他在生活的其他方面都很健康、善良是不可能的。因为当他对异性采取这种态度的时候，他把世界的相当一部分都放在了同等的位置上。

所以，一个人的错乱、变态、邪恶是整体的。他可能对异性是这样，对社会和大自然也是这样。有些特别残忍破坏大自然环境的人，他的性心理与性生理都是特殊的混乱状态。他的文化和他的生理是相同一的。

以上所说的一切都与文化相关。因为人的性心理和性生理很大程度上决定于文化。性在相当大的意义上就是文化。

当一个人身心健康的时候，对周围就多一点爱心。疲劳的时候，身体与健康状况差一点的时候，对周围就少一点爱心。这个谁都能体会到。

你今天身体特别健康,心情特别愉快,看见小孩也喜欢摸摸他的头,看见树木也挺亲切,看见景致也很高兴。然后说一句话,自然真可爱,生活真可爱。整个身心都充满爱。

充满爱心,是身心健康的表现。

没有健康的身心,哪儿来的爱?一个身心不健康的人,没有爱。一个即使在平常很有爱心的人,在他病得痛不欲生时,也来不及爱周围的世界。

这是非常深刻的真理。

所以,当我们说要做有爱心的人,就与说要做身心健康的人是同义语。

当我们说要做身心健康的人,就与我们说要做有爱心的人是同义语。

当你有博大爱心时,你不但身心健康,而且"心"的健康中,还包括智慧在里面。在社会、利益、金钱、爱方面都没有疾病,你才能有博大的爱心。

要使自己成为对异性、对自然、对社会、对科学、对哲学、对艺术、对整个人类都有博大爱心的人,这是良好的自我设计。

要做一个身心真正健康的人。

19

广义的爱不仅与性爱有联系,还可以对它作文化分析。每种爱的构成都非常复杂。

我曾经把父母对子女之爱（很多人把它看得非常圣洁）分为十二种，很多家长接受了，并且感到震撼。

人为什么爱子女呢？

第一种，很圣洁，把子女看成自己生命的延续。

第二种，把子女看成夫妻爱情的果实与纽带。

第三种，把子女作为自己的特殊作品与创造。你写书，因为你投入了劳动，所以很爱你的作品。你把孩子塑造成特别完美的人，你投入了，所以把他看成你的作品。

第四种，把孩子当成血缘与事业的传宗接代的载体与象征。农村人有这种文化观念，城市人也有这种文化观念。

第五种，把子女当做欢乐的来源。

第六种，把子女当成劳动力，当做自己的财富。

第七种，把子女当做自己人生萎缩的一种寄托与安慰。

第八种，把孩子当成自己空虚生活的一种填充，离不开孩子。

第九种，生活中有受虐倾向的人，就让孩子对自己施虐，找那种苦的感觉。他热衷于为孩子受苦，像巴尔扎克小说中的高老头。

第十种，因为性爱生活的空虚、空白，以孩子为替代物。

第十一种，拿孩子做自己人生能力完整的一个标志，你看，我有生育能力，能养育孩子。

第十二种，把孩子作为自己虚荣心的满足：你看，我的孩子买钢琴了吧？比别人家孩子的钢琴还好呢！我的孩子穿得也比别人家孩子好，我的孩子吃得也比别人家孩子好。这种攀比实际上是家长的虚荣心，并不是出于孩子的需要。

20

对子女之爱尚且有这么多种，其他的爱呢？

都可以分析。

把爱再扩展开，扩展到人间的各种感情，我们认为，天下的感情有几种，一种是态度性感情，就是说，这种感情是对人的。比如爱，或者恨，这都是有指向的。

还有一种是情绪性感情，是对自己的。比如我现在很苦恼，是自我情绪性的。

在所有的态度性感情中，凡是善意的感情都可以被爱统一起来。

关心、同情、善意、好感、怜悯、爱情、慈爱、亲近、友好……都可以被爱这个词统一起来。

如果这些感情都是真实的，不是出于社交的需要伪装出来的，都有某种程度的爱在其中。

比如对这个人亲切，对这个人友好，对这个人爱惜，对这个人怜悯，对这个人同情，都有爱在其中。

往往健康的人，乐观的人，对别人也比较有同情心，关心、理解、安慰，都是宽泛的爱的表现。

当然，这些爱常常也有利益含在其中。

父母对子女之爱就有十二种，它和父母人生的十二种利益相联系。

爱不仅有利益背景，爱本身也是一种利益。

一个人需要爱和被爱两种利益。

爱的时候感觉到充实和幸福，是好感觉。

被爱的时候是一种安全、安慰和幸福的感觉,也是好感觉。

这两种好感觉人生都很需要,有的时候金钱买不到。

所以,人需要爱,需要被爱,这是人生很重要的利益。

在态度性的感情中,所有恶意的感情都可以用与爱对立的感情统一起来。

爱的对立感情可以用憎来描述。

所有敌视、憎恨、怨恨、嫉妒、反感、厌恶、对立、不满,如此等等,都与爱的对立面有关。憎的情绪含在其中。

这样,以爱、憎为核心,态度性情感就分为肯定性情感和否定性情感两大类。

22

在这两种态度性情感之外,有一种特殊的情感:畏惧。

畏惧是一种特殊的情感。

当我们敬重一个人的时候,敬是爱与畏的结合。

畏在这里是一种宽泛的表示。

对宗教的敬与虔诚含有畏,对感觉神秘的巨大存在的畏惧,对自己命运未知的畏惧,而不仅是爱。你若信仰佛教,你能想象去摸一下释迦牟尼的头顶吗? 没有这种感觉吧?

这种感情与爱是有差别的,敬里边含着畏惧。

一个东西能够形成崇高感，是因为崇高感本身就含着对这个事物的敬畏。

离开了敬畏，没有崇高感一说。

所谓道德至上的崇高感，是对所谓道德至上的事物有爱的一面，也有畏的一面。即它是不能随便侵犯的，不能用非常亲昵的方式去爱的。

对爱的认识如果比较透彻，就会对世界的很多东西看清楚。

当一个人跪在上帝面前忏悔的时候，谈不上对上帝的爱，主要是敬畏。

人们对崇高的事物，包括对宗教特别虔诚，这里有爱的一面，还有畏的一面。

23

以上这些感情都是指向他人的，是态度性的。那么，还有很多感情是自己的：悲伤，忧郁，惊恐，痛苦，还包括不指向他人的愤怒，这都属于自己的情感。

24

中国有一个字眼：情绪。如急躁，不安，等等。

情绪是更宽泛的存在。

情绪是人的一大存在。

情绪是生命的心理表现。

25

性情。汉语中的这个词就很有意味了。

一个"性",一个"情"。很概括,很丰富。

26

对性、对爱、对情感要有透彻的洞察。

它在很大程度上是文化的存在。

它在很大程度上与利益相关。

它本身也是一种利益。

27

从性讲到性爱,从性爱讲到爱,从爱情讲到所有的情感,我们发现,人在生活中有一个极大的误区,对性爱、爱情、情感的误区,这个误区与人面对金钱、面对利益一样,是一个巨大的存在。

把这一切都看得比较清楚的时候,就能找到对自己情感的平常心。

对情感的平常心,包含了这样几个内容:

第一,对情感的透视。

当把所有情感的来源都看得很清楚的时候,当它在你眼里失去所谓天经地义的位置时,你就不会让它驾驭自己了。

就好像当你对金钱看得比较清楚了,虽然还是那么多钱,但你站在商店的柜台前感觉就不一样了。

也许不是完全彻底地发生变化，但是已经发生变化了。要不断地暗示自己，时间长了就彻底变化了。

而你对情感看得透彻以后，就可能对待感情不像原来有那样多的疑惑。

第二，对感情的正确态度，叫听之任之。

要找到另一个自我来观察自己的情感。那个自我可能更接近心理深层的自我意识。把原来那个自我当成被观察的对象，看着他，听之任之。

第三，善于用情感自自然然地连接自己和周围的世界。

金钱能连接世界，情感也能连接世界。情感是连接社会的重要渠道之一。

在这个世界上玩耍，像小孩坐在沙滩上，其中有一个能力，就是善于平平常常、心平气和、自自然然地运用情感来连接自己和周围的世界。

对任何事物的态度都不能片面，包括对情感，对金钱，对道义。

第四，善于对自己不同情感的价值做出判断。

感情是生活的一部分，是命运的一部分。人应该知道什么是对自己命运最重要的感情，什么是局部的感情，什么感情是长久的应该爱惜的，什么是过眼云烟。

第五，博爱。

既然感情是对待他人的态度，对待整个人类社会的态度，那么，关心整个人类社会利益，找到一种崇高感，和感情相联系的表现就是博爱。

这种博爱与关心整个人类利益的道德崇高感是一致的。

健康的人才能有博大的爱心；反过来说，爱心又可以使人健康。

"爱"包括了你的身心健康,包括了你在这个世界中的整体利益,包括了你的道德感,包括了你在这个社会中和很多人的友情,包括了很多很多。

所以,使自己成为一个有博大爱心的人,是你人生的重要内容,也会为你争得重大利益。

大慈大悲的状态,是爱心中略加威严。

因为对人类仅有爱心还不够,有时候还需要威严。除了用爱心对待他人还不够,有时候还要惩处他的缺点、罪恶,这才有了大慈大悲。

对自己的罪恶、偏见、执着、贪、嗔、痴不产生恐惧,对美好的事物不产生爱,就没有人类社会的真理。

所以,要惩恶扬善。

六 | 欲望·目的·事业

1

人在世界上活着,每天都充满了欲望、目的、计划、打算、事业、追求、图谋、目标等相类似的范畴。

短小一点的叫打算,大一点的叫计划,再大一点就叫事业。

现代人都喜欢讲事业,事业就是人生相对长一点的计划。

打算是小计划,计划是大打算;计划是小事业,事业是大计划。

是目的的不同层次,这是一个人每天的生活和人类每天的社会生活都存在的一个大范畴。

2

从利益就会引出欲望,而且迅速转变为一种目的的设计。

即使不是很自觉的目的设计,也是目的的一个方向或指向。

3

人类社会生活就是这样,利益引出的欲望会迅速变为目的。人生从

大到小有各种层次、各种规模、各种性质、各种内容的目的。

总目的,总目标,终极追求。

人生阶段目的、目标和打算。

人生阶段中某一方面的目的、目标。

还有非常短暂的目的、目标和打算。

再琐碎到各种细小的打算。

目的有不同层次,有时间上的层次,规模上的层次。

人常常在对自己目的的设计中陷入误区。

人每天都有数不清的大大小小的目的;人生的每个阶段也都有各种各样的目的。这些数不清的目的、计划、打算,总在非常有力地支配着一个人的思想、心理与活动。

当人们非常执着地被自己的目的、计划、打算驱使的时候,就会焦灼、急躁、烦恼、痛苦、紧张、不安。这时候,就陷入了"目的的误区"。

人生最大的误区之一,就是"目的的误区"。

如果你的目的是指事业,就是"事业的误区"。

今天你有个小小的打算,就成了你一个小小的目的;这一阶段你有什么打算,就是这一阶段的目的;人生有什么打算,就是你人生的大目的。

如果这些目的不正确,就会陷入误区。

5

人的痛苦、焦灼常常是因为陷入了目的的误区，而不是方法的误区。

一件事情没有做成，人们常常审查自己的方法，看其为什么不能达到目的。其实不明白，这常常更是目的的误区。

人们常常愿意审查自己的方法，而不愿意审查自己的目的，他不去怀疑自己的目的对不对。事情做不成就苦恼，不考察目的设计得对不对。

目的不对，找方法有什么用？

所以，人生一方面不能没有目的，从大到小；另一方面，又不能执着于各种目的。

目的要正确。

目的错了要及时调整。

目的要不断随情况变化而变化。

目的要有生命，要有发展。

目的要不断重新设计。

6

审查大大小小的目的。

大的目的就是人生的终级追求，再小一点的就是所谓事业，一直小到一个打算——今天下午准备干什么？

7

目的审查之一，就是审查目的是如何产生的。

有了目的以后，不去想目的是怎么来的，只想如何实现它，往往可能陷入误区。

有的人想当作家，这个目的怎么来的？有的人想发一大笔财，这个目的怎么来的？有的人想做成一个项目，他不去想一想这个目的到底是怎么形成的。一旦形成目的，就把它作为一个巨大事实来接受，只能朝目的去，结果可能陷入目的的误区。

人有各种各样的欲望，欲望常常含着根本的目的。

一个人想成功，想发达，想生活得好，想成就事业，想发财，想得到更多的爱。这些欲望都是根本性的目的。而这些根本性的目的一旦与实际情况相结合，就会产生具体的目的。

譬如你是一个年轻人，你的欲望或者说根本性的目的是成功发达、生活得更好，你现在的实际情况是大学刚毕业，独身一人在北京，你会立刻根据你的条件和你所处的环境形成一个迅速找到工作的计划与目的。

人的目的常常又是一个体系。

人的目的体系是这样形成的：总目的下形成大目的，大目的下形成中目的，中目的下形成小目的。

反过来，小目的汇成中目的，中目的汇成大目的，大目的汇成总目的。

人在任何阶段都可能已经有了一个根本的目的，它结合具体情况立刻会产生不同层次的具体目的，从大到小。而这些从大到小的目的在实践过程中又反过来从小到大地影响他的根本目的。

这是从大到小、从小到大的反复。

比如说,你人生的根本目的是要做一件文化的事,使得人类更文明更发展。那么,在这个阶段你设计一个目的,比如健康工程。在进行健康工程的时候,你又形成一个具体目的,比如搞一个康复技术。在实施康复技术的时候更具体,今天你可能要进行一个谈判。

这样从大到小形成一个目的体系。

在实践过程中,这个谈判可能成功了。而一系列谈判的成功汇成康复技术的成功。一系列康复技术的成功又汇成一个健康工程的成功。一系列像健康工程这样的项目成功,造成整个目的更充实、更提高、更发展。

这是目的从小到大的汇集。

如果一系列具体的目的实现不了,就有可能造成整个大目标的调整和变化。

人就是这样。

8

目的审查之二,是目的与过程、目的与方法。

目的总是通过一个操作过程,运用一定的操作方法实现的。

任何目的都是过程的结果。

实际运动中,过程是原因,目的是结果;过程在先,目的在后。但在我们通常的思想中,常常是目的在先,方法在后。先有了目的,才想方法。

实际过程中,做出一个结果达到了目的。可是在此之前思考的时候,往往先想目的,确定目的以后再确定方法。

这是一般人的认为:先定目的,再定方法。

其实从来没有一件事情在确定目的的时候,没有考虑过方法和过程。不存在这种可能。

这里涉及思维的奥秘。

可以回忆一下,你现在定个目的,就完全没有考虑方法和过程吗?不会。因为事实已经摆在面前,你虽然没有经过自觉的考虑,思维中已经有不假思索的一些考虑在其中了。一个中国农民从来不会把竞选美国总统当做自己的目的。

根本没有方法实现这个目的。

我们要反对只看目的不看过程和方法,但是之前先要说明在思维中考虑目的的时候,常常已经多少考虑了点方法和过程了。

深刻一点说,在我们最初确定目的时,哪怕看来最轻率的一个目的,都已经包含了对操作过程、操作方法的某种考虑。虽然有的是想当然的、一瞬间的、无意识的考虑。

所以,完全有这种可能,一个目的虽然没有事先考虑它的详细过程和方法,有时有可能正确。这似乎是个很奇怪的事情。

没有考虑方法,但这个目的是正确的。这件事还能做成功。

这是因为你在确定目的时的一瞬间已经大致考虑到方法了。

但目的又经常是不正确的。什么原因?

一方面有可能我们对方法、过程考虑得不深入,另一方面就是欲望常常使我们歪曲事实,歪曲对情况和操作的判断。

所以,目的虽然在哲学上讲是一个过程的结果,而且它只要一诞生就已经包含了对过程的某种考虑,绝对不考虑过程的目的在思想中是不会产生的;但即使这样,目的在先方法在后的逻辑也在顽强地起作用。

为什么?目的在先方法在后还不一定是时间的关系,实际上是一种思维逻辑。因为欲望带有冲动性,带有第一性。

欲望与根本目的对人的驱使太强烈了,经常有可能使人在形成具体目的的时候,对过程和方法的估计是片面的。

你想成功,想发达,于是乎马上就形成一个又一个目的。在确定目的之后,再想方法。这叫目的在先,方法在后。

所以,真正把目的与过程、方法统一起来考虑,才是智慧的。

形成任何一个目的,都要周密考虑到过程,不要被欲望的冲动性所歪曲。

9

目的审查之三,对过程与目的同一性的审查中,不仅是对方法的审查,还是对情况的审查。

欲望是主观的,情况是客观的。任何事情都是在各种力量参与的情况下完成的。哪怕是最主观的事情,比如写作,似乎不需要与他人合作,莫非还有别的力量参与?当然有。你的社会活动不会影响你的创作吗?你的家庭环境乱不乱?你的健康状况允不允许?这个时期有没有其他事情干扰你?这些力量都要参与你的创作。

对所有这些都要有判断。

在审查目的的时候,千万不要把目的看成一定要达到的东西,一定要看到整个过程、过程中的操作和情况,通盘考虑,越这样就越智慧。

当然，人不可能把实现目的过程中所有的操作和情况都吃透，那么，我们可以说，目的永远是根据操作过程中的感觉不断完善的。

目的和操作的方法，和对操作过程中所涉及的情况的了解，同时生长和完成。

只有这样，对目的的设计才是正确的。

目的审查之四，是对目的根源的追溯。

小目的来自于大目的和客观情况的结合。大目的来自于根本的目的和具体情况的结合。根本目的来自于一个人根本的欲望和利益。

所以，审查各种目的，最终是对自己的利益进行审查，对自己整个人生利益追求和设计的审查。

有了这些审查，目的就可以仅仅从通常用语的意义上来定义。

人在生活中就会有各种各样的目的。

有的目的实现不了，有的目的能实现。

有的目的对人有利，有的目的对人不利。

有的目的保守，有的目的激进。

目的也可以更哲学地定义。

不过是事物运动在时空中的某种方向性。

更抽象地说是趋势性。

人是一种特殊的物体,他的目的无论是最终实现了,或是没实现,都表明了一种"努力、实践、运动"的方向。

你做一件事情,这个目的可能实现了,也可能实现不了,但都表明一种努力的方向,一种实践的方向,即使最终你这个目的没有实现。

如果进一步深究,其实世界上不存在绝对没有实现的目的。

从某种意义上讲,一切目的都有某种程度的"实现"。

你要当作家,经过多年的努力没当成。但是这个努力的过程有可能使你与作家的感觉和创造更接近。从这个意义上讲,你希望当作家的目的有一定程度的实现。

你要当冠军,结果得了第三名,目的没实现,但是和这个目的更接近了。

也可能你想做一件特别伟大的事情,没有成功,但它不一定是绝对意义上的失败,至少是部分成功了。

12

因为目的包含了利益,包含了过程中的情况估计,包含了过程中的操作方法,所以,目的还必然与一个人的整体利益相关:他的整个人生,他的健康,他的感情,他的道德感,他的能力、力量,他的兴趣、爱好,他的一切条件。

目的对于一个人是特别重要的。

从某种意义上讲,好的目的(从大到小)就是世俗完美人生的全部。

好的目的体系从来都是设计完美的,它包含了一个人对自己人生利益的正确认识,对自己和客观环境关系的正确判断,对整个情况的了解,对过程中操作方法的正确判断,能够使一个人的整个状态充分发展出来。

如果一生中大大小小的目的都是好的，人生肯定是完美的。

只怕做不到这一点。

就像做一个项目，如果从大到小设计的目的都是正确的，这就是全部了。因为目的本身就包含着策略，包含着技术，包含着对情况的了解。

所以，好的目的体系是人生的全部，也是事业的全部；因为目的包含了过程，包含了过程中所有的一切。

一个人聪明，就要使自己从大到小的目的都设计得好。

大大小小的目的如果都是好的，就是完美人生的一切。

如果人生所有的打算、计划和追求都正确，这个人生的整体就是正确的。

13

那么，什么样的目的是好的呢？

目的的设计应该使人积极、自信、微笑、乐观，轻松又兴奋，努力又从容。能够最大程度地成功而又健康愉悦。具备好的道德感。对自己长远有利，对人类有利。事半功倍，游刃有余。

目的应该设计成这样。

目的是人类的一大存在，每个人都在目的中生活，每天都会有打算。你一辈子没有错误的打算，就很了不起，你得到的就是成功的全部。

什么是目的好呢？就是能使你进入这种好状态：既充分发挥你的力量，又没有力不从心之累。

如果一个人特别无聊，没有事情干，肯定不好。

可是你努力，但是非常累，这种状态也不好。

好的目的要达到好状态。

不是好状态，目的肯定有问题。

衡量目的好坏的标准就是好状态。

那种快乐玩耍的儿童状态。

人之所以做不到这一点，有一个原因就是目的没有设计好。

目的不是保守就是冒进，不是偏左就是偏右，不是选错了就是选歪了。

目的体系设计得好，就能使人状态好。状态好的结果，使得人做事更多更好。因为人在好的状态中才有功能。

14

好的目的要达到好的状态，可是好的目的要在好的状态中产生。

什么是好的状态呢？

用古人的话讲，好的状态就是不贪不废，不勤不忘。

就好像古人修炼中意守丹田，不可不意守，又不可死守。完全没有意守叫忘，使劲专注地意守，叫勤。就是要守，又不死守。

一种状态。

有可能这段时间状态不好，事情做得又少又吃力；但也可能这段时间你状态好，事情做得又多又省力。

状态的差别。

好的目的要在好的状态中产生，好的状态包括对待目的的态度。

好的状态是：不执着于眼前的目的，看到整体目的；不执着于目的，省视整个利益；不执着于目的，和整个过程结合起来考虑；不执着于目的，还要考虑方法；不执着于自己的操作，还要考虑周边的情况。

这叫不偏执。

很多误区都是目的偏执的误区。

偏执于眼前目的,忘了长远目的,是一种偏执。

偏执于目的,忘记了过程,是一种偏执。

偏执于过程,忘记了操作,是一种偏执。

偏执于操作,忘记了操作过程中的所有情况,也是一种偏执。

注意了目的,又死死地注意,还是一种偏执。

所以,对待目的的正确态度不仅对身心健康有好处,就是从做事的角度来讲,也必须有正确的目的观。

古人讲,喜怒哀乐未发之际谓之中。

15

好状态在人生中占据很重要的位置。

从某种意义上讲,始终处在最好的状态,是人生成功的要素,也应该成为人生最大的目的。

入世,又出世;在世俗中,又超脱。这是个好状态。

不为世俗所累,把一切都当做锻炼自己的素材,这是个好状态。

好状态的提高、纯化、升华、保持,是人生最根本的目的。

生命的目的系统中,确定这样一个根本的、唯一的目的,才是最合理的结构与位置。

如果说一念代万念,那么,一生中始终把"使自己处在好状态"当做"一念",就有很大的合理性。

这里涉及生命的奥秘,这种感觉就是最彻底的奥秘。

七　知识·经验·理论·观念·思维

1

人类面对利益,面对金钱,面对感情,面对目的体系,还有一个面对,就是自己的知识、经验、理论、观念、思维。

这是特别巨大的存在:你那点知识,那点经验,那点理论,那点观念,那点思维。

2

知识。通常所说的知识:书本知识也好,人生社会知识也好,每个人都有一堆知识。

3

经验。你的经历、体验。

4

　　理论。就是高级的知识和高级的经验,包括战略、战术、技术、策略、方法、手段。

　　物理学不就是知识吗,不是有很多理论吗?

　　理论不过是高级一点的知识和高级一点的经验。

　　人生有了一定的经验,就能总结出理论来。

5

　　观念。含着知识、经验、理论,并含着大量的综合文化(包括利益、情感)。比如:

　　价值观念;

　　道德观念;

　　历史观念;

　　政治观念;

　　社会观念;

　　人生观念(幸福观、家庭观、婚姻爱情观);

　　伦理观念;

　　宇宙观念;

　　审美观念。

　　这些观念受知识、经验、理论的影响。

　　还有许多利益的因素在决定。

一个人判断价值、道德的时候，可能和他的利益——家庭的利益、社会的利益、阶级的利益、民族的利益相关。

因为价值本身就是和利益相关的，道德判断本身就是利益判断。

思维。与知识、经验、理论、观念相关的，还有思维方式，其中包括语言方式。

一个人的思维方式与他的知识有关，与他的经验有关，与他的理论有关，与他的观念还有关。

知识、经验、理论、观念、思维方式，是人特别大的一个占有，是每个人都面临的巨大存在。对这个问题应该有什么样的正确态度？

这一切都是财富。

就如同经济上的一切财富投入最终要表现为效益；衡量人对这些财富（知识、经验、理论、观念等）的占有，只有一个标准，就是看他有没有创造性。

全部知识、经验、理论、观念、思维方式，作为个人财富最终要把它变为创造。

创造要求人凌驾在这一切之上。

必须使你的心灵凌驾在你的知识之上，凌驾在你的经验之上，凌驾在你的理论之上，凌驾在你的观念之上。你占有这一切，它们是你的财富，同时又不会牵累你。只有这样才能处在一种创造状态。

所以，对待已有的知识和正在学习的知识，已有的经验和正在学习的经验，已有的理论和正在学习的理论，已有的观念和正在变化调整的、新兴的观念，包括自己的思维方式，一定要有彻底的态度，要超越自己来审视自己。

所有这一切的最终衡量标准，是看你能不能进行创造。

如果没有创造性，知识、经验、理论、观念、思维就是你的累赘。即使投入了很多财富，却一点效益没产生，这些东西有什么用？

一个人又有知识，又有经验，又有理论，一整套思维，可是从来不给人类创造什么，这些知识、经验、理论有什么用？

没有用。

在实际生活中，人们经常忘记这个重要原则。为积累知识而积累知识，为积累经验而积累经验，为积累理论而积累理论的时候，就产生了这样的事实。

人永远要为了创造而积累知识和经验。

希望每一位朋友都进入最好的状态。

9

人是这样一个特殊的结构，当你突出了一个中心的时候，整个运转体系就要发生变化。

所以，对待事业也好，学习也好，工作也好，经常要处于超越自己知识、经验、理论的那种异想天开的状态之中,要凌驾于自己的知识和经验之上。

要拉开这种距离,拉开的方法就叫异想天开,叫破天荒。

要敢于思维超前,敢于突发奇想。

许多天才讲过,他们从很小开始,从来没有仅仅为了把一本书的内容学会而看一本书。不管学什么东西,看什么书,他们都喜欢发明创造。

有的人初中的时候学习数理化,经常自以为发明了一些新的定理、新的公式,这些发明不久在高中就学到了。那么,中学阶段的学习虽然没有使他创造出超越人类数学、物理和化学的发明,但这种思维方式却是重要成果。

许多发明家的一生就得益于这种凌驾于一切经验、知识、理论、观念之上的创造感觉和创造狂妄,创造的异想天开。

一定要异想天开。要敢创造。永远把创造当做掌握一切知识、一切经验、一切理论的唯一目的。只有这样去学习才有用,掌握知识才有用。

看书学习,哪怕是现代科学的最新成果,某个领域最有代表性的书,也该使我们的想象凌驾其上。就当成它是给我们提供了素材。我们只想看了以后,创造什么,这是一个绝对的思路,在任何时候都应该成为我们不由自主的思路。

要高屋建瓴地处理人类所有的知识,只有这样才是智慧的品格。

所以,要保持良好的创造状态,保持一种不仅超越自己的经验,而且超越整个人类的知识、经验、观念的状态,一种异想天开的状态,一种创造方面的狂妄、梦想、离奇。

一定要创造,不创造人生就没有意义。

八　生命的自在无病

　　人最宝贵的是生命本身。如果连生命的自在感都找不到,不能保持起码的身心健康,那么,人生的一切智慧都可能成为空谈。

　　永远保持生命的年轻、健康、流淌、灵动,对于一个科学家、艺术家、哲学家、政治家、实业家来说,是保持创造性生命年轻、灵动的重要基础。对于任何一个人,生命的年轻、灵动,都是人生具有创造性的最重要条件。

　　一切创造性都是生命力的显现。

　　或许你此时会灵光一现,心领神会。

　　健康就是生命的自在无病状态。

　　要保持生命的自在无病状态,便要:

一、更深刻地洞察人的生理与心理；

二、更深刻地了解自己的内在灵魂；

三、更深刻地透视他人，更周全地把握周边环境、人际关系；

四、更透彻地理解社会发生的以及文学描述的诸种生活；

五、获得透视人类文化的新角度。

那时，你会突然发现自己生出第三只眼，对天下的许多人和事有了全新的洞察。许多掩盖被揭掉，一切都那么清楚。

人不仅能够相互作用——在人与人之间，而且，能够对天下万物都产生作用。万物都能够相互沟通。请想一想，整个宇宙中，有什么东西能够完全隔绝于宇宙而存在呢？

在太阳系，有哪一个生命或非生命能够超越太阳的影响呢？在这个世界上，又有哪一个人能够超越整个人类、整个自然给予他的影响呢？

研究生命，就应该把宇宙看成一个大生命，把天下万物都看成生命。

生命与生命相沟通。

生命与生命相转化。

生命都有生老病死。

生命都在运动。

探索生命，本身是生命的使命。

鲜花开放,心灵之花也会开放。

人类的所有成员,都要丢掉束缚我们的一切成见,都要打开我们的心灵,都要沟通起来,体会生命的根本奥秘,体会我们与宇宙相通的奥秘。

我们已有的眼界太狭窄了。

我们自满自足、自以为是的包袱太重了。

要拿出我们的诚心诚意来,改变一切。

如果,我们的诚意能够感动上帝,那么,这个上帝就是每个人心灵深处那个真正的自我。

当一个人悟到生命的本来时,灵光一现,通天达地。

我们就是宇宙。

6

人是宇宙之中的存在,人又是超乎宇宙之外的存在。人在宇宙间很渺小,人又比宇宙还大。当我们以百亿光年的尺度来描述宇宙的图画时,当我们在探索星球、黑洞等宇宙宏观的奥秘及探索微观粒子世界的奥秘时,我们说,这一切物理的奥秘是初级的;而生命的奥秘,特别是人的生命奥秘,是远比这高级的奥秘。

这样的语言绝非一般的比喻。这是有真正科学、哲学意义的论述。

人是宇宙结晶出的花朵。而人在映照、缩影整个宇宙的奥妙时,自己还有比宇宙更神秘的奥妙。

人企图认识宇宙，人能够认识宇宙，只不过因为人是宇宙的精灵、花朵的一种表现。

人还企图认识自己，而且也一定能够认识自己，这尤其是件奥妙的事情。

人类创造了自己的智慧，这智慧如果最大致地划分，那就是科学、艺术、哲学、宗教。而这四大部分，内部各自又有多得不可计数的学科、流派、门派、宗派。每一个学科，每一个流派、门派、宗派之内，又有分得细而又细的思想与条款。

当人类把一片树叶上的一根纤维都分解成许多方面来观察研究时，人类是很精明了，很渊博了，很细心了。

然而，同时又可能很愚蠢了，很无知了，很粗心了。

有可能丢掉许多真理。

有可能忘掉整个宇宙的存在，忘掉人类自身的整体存在。

我们一方面需要分而又分的细枝末节来钻研；另一方面又要通融一切的整体智慧。

要把科学的各个学说通融到一起。

要把艺术的各个领域的灵感通融到一起。

要把哲学的各种玄妙的冥思智慧通融到一起。

要把科学、艺术、哲学通融到一起。

将生命的体验与生命的理智通融到一起。

将生命的灵性与宇宙的灵性通融到一起。

求得生命对自身的认识。

在认识中，同时也便得超度。

　　人类至今对自身生命的认识还是很肤浅的。就像一个人总是把过多的目光放在眼前的世界上而很少省视自己的身体与心灵一样，整个人类最缺乏注意的是人类生命自身。

　　如果人类的知识世界是一个宇宙的话，那么，其中许许多多的黑洞正是与人类生命相关的课题。

　　如果人类世界给我们短短的十分钟时间，我们会讲点什么？如何一下子给人耳目一新的感觉，使人的灵魂受到震撼？不是流行歌曲的感觉，不是表现都市的繁华，也不是现代化的科技文明，还不是一般意义上的返璞归真。那么，我们将给人类一个什么样的声音？

　　我们将向人类发出一个忠告。

　　我们一定不要在发展物质财富时忘了自身生命的健全。

　　要用警醒的语言发出真理的声音，指出人类认识的误区。

　　人承受不了苦累时，生命就结束了。

　　我不知朋友们是怎样过年的，我也不知道大家目前对世界的看法。正月初一，当我走在北京的街道上时，看着熙熙攘攘的人群，我发现我对这个世界既很切近又很陌生，有很大的距离感。坦率说，虽然是过年，满街的人，不管是买东西的，还是串亲戚的，真正灿烂和安详的面孔非常少，所有的大人们都在完成任务，都在奔波，那些拥挤在商店柜台前的人们在串门之前,买下最后一件礼物。他们在挑选,在焦灼,在赶时间,一年的劳累全挂在脸上,虽然衣服穿得很齐整,但无法掩饰他们精神上的劳累,这使我想到佛教中常常使用的四个字,"芸芸众生"。我只看到孩子们无邪的烂漫。这时,我突然明白了,人其实从小到大就是累死的。一个人随着年龄的增长,他有了越来越多的累,当他承受不了时,就累死了。

古印度有一部经典,叫《博伽梵歌》。书中有一幅画,非常震动人。它是一个人从出生到死亡的形象描述。刚刚出生的婴儿,鲜艳活泼,然后是无邪的儿童,十多岁的少年,十七八岁的青年,二十多岁的成年,三十多岁的壮年……逐步老迈,衰朽,腰弯了,背驼了,临近死亡的痛苦,最后是死亡,死亡后的一堆白骨。灵魂飞升了,又找到新的依托,新的生命又开始了。

这幅画讲了生命的全过程。

9

无论是哪种思维,一定可以找到与真理相通的特殊隧道。

现代医学思维中,许多人比较熟悉暗示和催眠。暗示和催眠不仅有即时效应,还有后效应。即时效应是什么呢?在催眠状态中,医生拿一块冰放在这个人的胳膊上,暗示他说现在正用烙铁烙他,他的皮肤就可能出现烫伤。这种心理的暗示催眠实验是所有现代医学专家都懂得的。那么还有后效应。比如在催眠状态中告诉被催眠者,从现在开始直到今后,只要一见别人结领带就开始咳嗽。在解除催眠状态后,他根本不知道自己接受了什么暗示,但只要一见到别人结领带他就忍不住咳嗽。

在催眠这种后效应机制中其实已包含了相当多的疾病的奥秘。

现代社会有许多人很伟大，伟大的政治家、伟大的军事家、伟大的科学家、伟大的艺术家、伟大的体育明星、伟大的企业家，都很伟大，但一件小小的事情——疾病，就能把他们打倒。所以，仅从自己的身心健康着想，从亲人的身心健康着想，都希望大家关心一下生命科学领域的研究。

自己是从哪里来，又到哪里去，这样一个大的智慧的获得，更离不开对生命的关爱与探索。

人类如果不向前发展，不向前走，是没有前途的。

如果今天的人类还停留在没有使用火的阶段，人类是什么样子？许多人觉得很好笑，会说，怎么可能呢？如果我们没有哥白尼，人类还以为地球是宇宙的中心，那又会是什么样子？大家觉得还是不好想象。其实人类今天的很多认识依然是局限的，当我们有勇气往前走的时候，后人才会为我们的精神所称道。

今天，当我们高举尊重生命的旗帜时，每个人都要有年轻的心态。

11

生命的道理是至高无上的。

只要人类存在着，就永远要面临生命的问题。生命的道理从某种意义上讲是至高无上的道理。一种文化，不管是哲学的也好，伦理的也好，道德的也好，科学的也好，艺术的也好，如果在这个人世上，它以制造疾病的面貌出现，这种文化就应该受到批判。

同样,反省每一个人,在我们自己的生活中,我们的思想,我们的文化,我们的情感,我们的思维,我们所有的经验,我们各种生活嗜好,如果以制造疾病的面貌出现,就先要判定它是无理的,要把它剔除。

健康和疾病,不仅有生理学的意义,也不仅有人类学的意义,其实本身也有宇宙学的意义。当我们超越一般的生命概念来感觉生命的健康现象和疾病现象,在哲学的意义和宇宙学的意义上都是可以思考的。

我们生命中的任何不通都可能产生疾病,血管不通会产生疾病吗?会的。消化系统不通会产生疾病吗? 会的。泌尿、排泄、呼吸,哪个系统不通都会有病,神经不通也会有疾病,经络不通、气血不通还会有病。一个城市的水路、电路、公路、邮路,哪个网络不通都会产生梗阻和疾病。城市也是一个有机体。一个企业,一个团体,内部不通,也不会很好地发挥健康的工作职能。天下很多事,重要在交通、交流、沟通、通融。

天下的事情都是相通的。无论是研究物理,研究心理,研究生理,或是研究思维学、语言学、哲学,包括研究文学、艺术、宗教、古文化,研究的结果,发现所有的学科透彻下去,都可以找到相互间的相通之处。

就好像到了无穷远的地方,各种平行线都可以相交一样。

13

人的身心结构在命运中。

一个人的疾病——比如瘫痪——有很多原因。表面看来,每个人都

有自己说得清楚的生理原因。然而，疾病有着远比现代医学认识到的更深刻的原因。当一个人缺乏站立起来的力量时，他便瘫痪了。当他重新获得站立起来的力量时，他便站起来了。

人的身心结构在一起，人的身心又结构在人的命运中。

人类有很多幸福，但又有很多苦难。

万千种疾病，就是人类苦难的记录，苦难的面貌。

朋友，你是否有过这样的体会，当你心神衰竭时，你真想一躺在地，觉得那样再舒服不过。这里，几乎包含着全部疾病的深刻奥秘。

而当你摆脱一切劳累束缚站立起来时，那里又含着战胜疾病的全部启示。

人倒下了，是因为他承受不了什么。

人站起来了，是因为他抛掉了什么重负。

人类社会是个非常复杂的社会。无数种社会关系使人相互增加快乐也相互增加着折磨。当一种磨难聚集到一个人的身上，他承受不了的时候，他第一是衰老，第二是疾病，第三就是死亡。

这种负担是人加给他的，也可以由人来给他解除。

是自己加给自己的，也可以由自己给自己解除。

一个人站起来了，和一座山的崛起没有什么不同；一个人倒下了，与一座山的坍塌也没有什么差别。

永远不要污染自己的生命。

希望朋友们都能常常看看自己的脸，看看他人的脸，看看每个人脸上是什么表情。许多朋友的脸不灿烂，甚至可以说，有的人脸上一股子晦气。不能说我们在做一件特别好的事，但做这件事的结果是我们的心态不正常，关系不正常，一脸的忧愁，一脸的焦虑，一脸的累。这样下去，生命破坏了，事情也可能做不成。

"受国之垢，方为社稷主"，天大的事情都能承受，什么委屈都不放在心上，才能做成大事。一定要有这样的心愿，这样的力量。

在工作中是什么东西在折磨人呢？是具体的困难，以及由于工作的不顺利所常常感受到的烦躁与焦虑。这一切唤起的是种种世俗的情绪。尽管面临许多挫折，但心态要好。每个人都要把心头的重负放下来，把事情想清楚。放下心头的种种累，才会安详自在。把精神调整到比较和谐的状态，达到比较高的境界。

工作的过程和结果应当是每个人都灿烂、年轻、快乐，才好。

九　进入人生最佳状态

1

要进入人生最佳状态。

每个人对这句话都应该深刻体验。

那么，什么是最佳状态呢？

踢球时可能进入那种状态——根本不用想，盘球过人，冲锋陷阵，没有过不去的。

神出鬼没的状态，出神入化的状态。

张旭的狂草就是出神入化的状态。绘画也有出神入化的状态。写作也可以进入出神入化的状态。演讲、做事都可以进入出神入化的状态。

创造能进入这种状态。

玩耍能进入这种状态。

恋爱能进入这种状态。

搞军事、搞政治、搞经济，也会进入这种状态。

人在生活中都可能进入这种状态。

请朋友们感觉一下，在自己的一生中有没有过这种体验，或接近过这种体验。在这种状态中，你轻松、兴奋、自信，处理问题好像不假思索，又随心所欲，一种得意的状态，得其意而忘其形，就是得意忘形的状态。

2

这就是儿童在阳光下玩耍的状态。

如果这个儿童特别健康，特别快乐，无所顾忌，不是想着大人叫我、管我，什么都不想，玩得兴致最高的时候，特别兴奋，就是这种状态。

这就是灵感的状态，创造的状态。

这种状态需要无病。

年轻人常说这样一句话，"你这人有病"。在这里，病的范围特别宽泛，不仅指生理的疾病，也指处理问题的方法有病。"你这人有病没病，怎么这样啊？"这样用词很有深意，因为它把"病"字广义化了。

"性"字可以广义化，"爱"字可以广义化。一个字一旦广义化，表明人对事物的认识高度抽象。

把"病"字广义化，是年轻人的智慧。

当年轻人讲"这个人有病"，就是说他处理问题的方式不好。

病是属于生理的，属于心理的，属于行为的，属于交际、做事方方面面的。凡是不符合自然规律的，都叫"有病"。

你现在紧张，就叫有病。孩子一边玩儿一边害怕爸爸妈妈叫，也叫有病。

3

人要处在完全无病的好状态中。

那么,完全无病的状态是什么样呢?

就是无贪、无欲、无躁、无奢、无执着、无私、无惊、无恐、无牵挂、无忧虑、无紧张、无不安、无无聊、无杂念,包括禅宗讲的无住、无滞、无染。都叫无病。

人在生活中有各种各样的病。

生活中无病,行为中无病,观念中无病,思想中无病,身体也无病,这就是好状态。

4

这样,我们就进入了古代禅宗讲的"应语随答,应用随作"。

面对任何问题不假思索,脱口回答,这叫无病。

人只要有病,就叫滞留。

身体的哪个部位不舒服,才会感到它的存在。平常人想不到心脏的存在,心堵的人才感觉到心脏的存在。

处理问题也是一样,你老想着一件事,比如老想着别人对我有什么看法,会不会成功,这些都是病。

身体都舒服的时候,自己对它没感觉。人对自己的心理没感觉的时候,就是又意识到又没意识到,也不多想什么,就是随心所欲的状态。实际上什么都想了,什么都看到了。

　　处理问题就要有这种状态，随心所欲的状态，得意忘形的状态，轻松自在的状态。

　　应该从这个角度理解禅宗讲的契机相合。

　　因为你觉得身体这个部位不舒服，你对这个部位总有感觉；因为你思想中有一个问题，就总去想它。就像今天走出家门时不太留意，到了外面还在一直牵挂着，家门到底锁没锁？总是放不下。

　　如果没有这些不舒服，没有这些牵挂，就进入状态了。

　　用通俗的话讲，这种状态就是"微笑大度，通畅健康，正大光明"，也是"自信积极，微笑乐观；不畏困难，轻松自在；不亢不卑，宽仁博爱；敢说敢做，拿得起放得下"。

6

　　也就是一念代万念的状态。

　　不勤不忘的状态。

　　若有若无的状态。

　　对天下的一切东西都看见了，又都没看见。

7

　　这其实是一身正气的状态。

有个非常好的成语，叫"一身正气"。这不只是对一个人政治品格的描述，也是很高的境界。一身正气，心无鬼胎，心无妄言之愧疚。

人在这种状态中发出的愿望，才能真正做到"心想事成"。

一个人既然想为人类做有价值的事情，要首先调整好自己的心态。如果不能进入这个境界，我们就会在许多方面遇到意想不到的偏差。

这又是一个乘虚而入、三机合发、天翻地覆的状态。

有句成语叫"乘虚而入"。天下做许多事情都是乘虚而入的。在我们这里，一切词汇都是重新定义和使用的。"乘虚而入"是非常好的词。比如做生意，天热了，人们都要吃西瓜，市面上又没有供应，这不是虚吗？你把西瓜运来，就是乘虚而入，你的买卖就成功了。怎么能乘实而入呢？到处都是西瓜，你再来卖，谁还会买？

做事情同样也有个乘虚而入的问题。你看到了一件非常有价值的事情，但多数人还没有看清，没有人去做，这时，你乘虚而入，就很有意思。如果从事一件事情的人比比皆是，你也挤上去做，还有意思吗？

做天下之事都要乘虚而入。

这就是《阴符经》中讲的"天机、地机、人机，三机合发，天翻地覆"，是做事的奥妙。没有天机，光有人机，做不成大事，往往是事倍功半。费很大的力气，没有多少效果。

做大的事情，要求三机合发，各种条件都比较成熟。

这又是无滞留的状态。

生活中与心灵相悖的东西很多,我们一般社会生活中大量的执着,科学界已成为定理的许多逻辑,都成为人类思维的某种定式,成为一种累,都束缚人。这些东西多了,无疑是"非状态"的东西。

科学家对已有的学说死守着,那就是极大的滞留。我学过牛顿,就滞留于牛顿的学说上;我学过爱因斯坦,就滞留在爱因斯坦的现代物理学定论上。这种滞留还表现在死守于自己的某种成见上:我已经掌握了这样一种学说,我已经具备了这样一些经验,我就长时间地滞留在这里。

有了这些滞留,思想就不会流淌,人类就不会有新的发现。

历史上一切伟大的发现,不论是爱因斯坦,还是哥白尼,他们总是在生命无滞留时,在思想的闪光时刻得到那个使全人类得到鼓舞的伟大发现的。

当自己的心灵处在一种不假思索的、无滞留的状态时,才会有所发现。

用禅的语言说,叫做无来无去,无滞无碍,心态是活泼的、灵动的。从这个意义上说,人类最聪明的本质就是那个无滞留的、流动的东西。

10

所谓无滞留的状态,就是抓住真知真觉的状态。说得普遍化一点,就是人类一切发现得以不断前行的根本状态。当大多数人死死抱住那些已经表面化、固定化、逻辑化的闪光点滞留在那里时,智慧的人已经大

踏步地前进了。

真理常常是在灵机的一动、灵性的一觉中发现的。这种发现被后人公认为真理，形成公式，后人又可能抱住这个伟大的发现永远不改变。孰不知整个人类的大脑是一个大脑，大脑的运动是一个流淌的过程。大脑要在不断的流淌中发现真理。整个人类的大脑也有一种功能态，那就是发现真理的功能态。同时，如同一个人一样，整个人类的大脑也有许多累，许多逻辑的束缚。我们研究人类自身的目的就是要使人类更加聪明，更加智慧。

一定要十分清醒地认识自己。

一定要善于摆脱世俗场的干扰和束缚。

一定要知道生命的灵性在什么地方。

这就是放松心态、灵光一现的状态。

放松心态，才能无滞留。

放松随意是艺术家进入创作灵感状态的必要心理条件。

放松随意甚至可以说是人类进入一切发明创造灵感状态的心理前提。

放松心态，才会灵光一现。

科学、哲学、艺术的灵感，禅悟的真谛，都在于心的自由自在。

正确与错误，常常是倏忽之间的分别。

人世间许多判断与选择都依赖人的直觉。

天下许多事物，对于知道结果的人来讲，是简单的。

对于不知道结果的人来讲，简单的事情就是奥秘的。

一墙之隔可以隔断一切。

人类什么时候才能推倒阻隔了解自身奥秘的大墙呢?

有这样一句格言:真理是在我们第二次遇到它时,才会被确认。

12

再换个说法,这是物我两忘的空灵境界。

物我两忘是一种很高的境界。

所谓物我两忘,就好像一个作家,在写作前进入一种特别好的境界时,他忘记了自己,也忘记了写作对象,就是那种状态。

什么叫状态不好? 一个人进入创作,总想着我是谁,我过去做过什么,我有多高的知名度,我有哪些个人得失,带着很多个人意念投入,他不会有创作的好境界。

许多复杂的问题靠什么解决? 靠灵感,靠好的状态。如果今后大家能在艺术的创作中找到奥妙的话,就是进入"物我两忘"的状态。

许多从事艺术创作的人都有过这样或那样的经验,这是一件好事,但同时过去的成就也可能成为一种累。当我们面对新的艺术创作时,要用一种空白的心理对待它。这种空白即是不被自己以往的成就所累。一个作家写作,总记着自己过去写过多少本书,以往的写作模式是什么样的,那些所谓的写作经验就会成为一种束缚,那是没有出息的作家。

当一个人超越一般凡俗的各种矛盾心理,进入真正的创作时,会有一种感觉,叫做"顿生灵感"。

要寻找到好的感觉。

所谓好的感觉,即是一瞬间对某一事物的正确判断与最佳方案。

13

　　人是一种特别奇怪的存在。人被结构在社会之中，有名字，有位置，有周边关系，有生理状况，有心理状况，有家庭状况；一大堆状况，把人完全制约了。也就是说，人在社会上的位置好像已经确定了。如果不超越这个位置，人的一切就都确定了。

　　但是，天下的事情很奇怪，你在社会中的位置，铸造了你的本质，就是"你"。可是反过来，只要你对自己进行调整，就可以调整你在社会中的位置。

　　这种调整也很简单。

　　比如你经常愁眉不展，这和你过去的地位、位置是相联系的。你从今天开始调整表情，面带微笑。进行了这个调整之后，你和周边的人际关系就发生了变化。

　　变化是非常容易的。

　　比如你在马路上碰撞了一个人，这个人对你应该是生气的，可以调整吗？可以调整。你对他微笑一下，可能关系就发生了变化。

　　人就是这点东西：一个表情，一个生理，一个心理。

　　只要对自己作调整，就会使你在社会中的位置发生变化。

　　微笑使得你在社会中增加机会和人缘，这个机会就使得你在社会中的位置发生变化。

当你特别突兀地、生硬地、偏激地处理人际关系、社会关系时，就是不和谐。

所以，特别简单地说，人在这个世界上对三件事情要进行调整。

第一，以相貌及表情为主要特征的生理调整。

第二，用古人所讲的以观想为典型手法的生理、心理调整。

第三，生活行为调整。

当你调整自己的生理、心理时，很简单，先从表情入手，面带微笑。

然后，调整自己的生理。

然后，对自己的心理状态进行调整。

然后，调整自己的行为。

行为是表情的延伸。行为也有面带微笑的问题。

当你特别突兀地、生硬地、偏激地处理人际关系、社会关系时，就是不和谐。

人有很多状态，不同的状态会带来不同的效果、不同的结果。你作了这些调整，你在社会生活中的位置就已经发生了变化。

变化是全息的。只要做就会发生变化，并不复杂。

15

调整包括重新设计自己的形象。

重新设计自己的社会行为形象，也就是位置。

这是多层次的，是超物理时空的，综合完整的形象。

16

希望朋友们获得一点洞察社会与人生的透彻眼光，在大的问题上不陷入误区。

即使曾经陷入误区，也能够很快走出来，走到好状态中。

希望朋友们进入对各种人生问题的"平常心"。

无论是对利益、对金钱、对感情，还是对目的和对知识的占有，都拥有儿童在阳光下的沙滩上玩耍的快乐心态。